105个
越玩越聪明的
科学实验

简单易操作，在家就能玩，
科学探索从实验开始!

[美]克里斯特尔·查特顿 / 著

杨惠 / 译

U0258648

中信出版集团 | 北京

图书在版编目（CIP）数据

越玩越聪明的科学实验 /（美）克里斯特尔·查特顿
著；杨惠译 . -- 北京：中信出版社，2022.8
书名原文：Awesome Science Experiments for Kids:
100+ Fun STEM / STEAM Projects and Why They Work
ISBN 978-7-5217-4317-3

Ⅰ . ①越… Ⅱ . ①克… ②杨… Ⅲ . ①科学实验—儿
童读物 Ⅳ . ① N33-49

中国版本图书馆 CIP 数据核字 (2022) 第 068018 号

越玩越聪明的科学实验

著　　者：［美］克里斯特尔·查特顿
译　　者：杨惠
出版发行：中信出版集团股份有限公司
　　　　　（北京市朝阳区惠新东街甲4号富盛大厦2座　邮编　100029）
承 印 者：北京中科印刷有限公司

开　　本：889mm×1194mm　1/20　　　印　张：12　　　字　数：250千字
版　　次：2022年8月第1版　　　　　　印　次：2022年8月第1次印刷
京权图字：01-2022-2420
书　　号：ISBN 978-7-5217-4317-3
定　　价：66.00元

出　　品：中信儿童书店
图书策划：如果童书
策划编辑：王玫　　　　　责任编辑：房阳　　　　营销编辑：中信童书营销中心
封面设计：刘潇然　　　内文排版：佳佳

引言

这本书里有 105 个有趣的实验，适合 5~10 岁的孩子，能让他们在动手的乐趣中受到启发。本书按几大重要领域划分章节，分别是科学（Science）、技术（Technology）、**工程（Engineering）**、艺术（Art）、数学（Math），统称为 Ⓢ Ⓣ Ⓔ Ⓐ Ⓜ 。

我热爱数学和科学。取得有机化学专业硕士学位后我就在实验室工作，后来我成家了，现在家里有三个小"小科学家"，分别 8 岁、6 岁和 2 岁。2012 年，我开始撰写博客专栏——科学小达人，自此开始与全世界千千万万的家长和教育工作者分享数以百计的儿童简单科学实验。

几年前，教育领域有个时髦的词 STEM，你也许听过。但是，随着艺术和设计越来越受人重视，我们认识到艺术与科学之间有着千丝万缕的内在联系。所以我们把 A 加入进去，变成 STEAM。

这些领域是相辅相成的。建筑设计兼具艺术和工程的元素。制作机器人需要技术、工程和科学方面的知识。测评科学实验则需要运用数学的原则。

本书的设计旨在如实展现 STEAM 各领域的内在关联。实验室里工作的科学家们需要精确地计算和记录实验数据。他们不仅需要扎实的科学知识，还需要创造力去设计和构思新的途径和方法。

同样，电气工程师也并不只是在控制面板上设计电路，他们需要了解电路背后的物理原理，要熟悉当前的技术，要设计制作新的模型，要测评结果。可以说，要做一名成功的电气工程师，STEAM 各项缺一不可。

先不说别的，本书的实验就非常有意思。不论大人还是小孩，都能在学到新东西的同时，体验到动手操作的极大乐趣。你可以运用一些简单的原理创造出丰富的结果。而且，所需实验材料都是日常生活中很常见的，还不贵。

个别材料，比如技术章节需要用到的鳄鱼夹导线和发光二极管，可能需要在网上或五金店购买，也都是好找且便宜的东西。为了方便起见，各章引言部分列出了要用到的特殊材料。

每个实验都简洁而清晰。材料一一列出，操作步步分明。

每个实验都提出了一些问题，以帮助孩子进一步观察和思考。每个实验也都给出了拓展实验——基于相同的实验原理。这些问题和拓展是能激发孩子创造力的部分。

多数实验都适合亲子共同完成，不过大一点的孩子可能会发现很多实验他们都可以自己搞定。

本书最有用的可能是各个实验的原理部分，就是用通俗易懂的语言解释实验何以如此，比如在分子的层面究竟发生了什么。孩子们既能扩充知识，又能据此设计新的科学实验。

本书对未来的科学家需要了解的词汇和术语进行了相关注释。最后还有图表和表格，方便孩子们在数学章节记录实验数据，可以按需使用，不够用的话可以多复印几份。

这是一本互动书，旨在激发孩子们像真正的科学家一样运用科学方法去思考和创造。下面是自 17 世纪以来就被用于观察、思考和学习的方法。

- ➔ 提出问题
- ➔ 研究原理
- ➔ 提出假设
- ➔ 设计实验
- ➔ 检验假设
- ➔ 分析数据
- ➔ 得出结论

这里的每一步都很重要。本书通过精心设计的实验步骤、启发性的问题和拓展性的实验，帮助孩子熟悉这一整套科学方法。

每个实验的 ❓ 都会提出一个问题，孩子们需要针对问题提出自己的假设，预估实验会如何。实验的最后，孩子们会根据自己的观察得出结论，看看一开始的假设是否成立。

这些实验都是跳板，是为了激发孩子们提出更多的问题，并设计更复杂更完善的实验去回答问题。提出问题并设计实验来回答问题是一门艺术，真正的实验是用于回答问题的。没有提出问题的实验就只是展示，一个基于台本的表演，没有背后的思考，也没有发现和解惑的过程。家长们要鼓励孩子多提问，多去探索答案。把做实验当成是宝贵的亲子时光，而不仅仅是一堂课。

理解了 STEAM 的科学方法，孩子就迈出了通往成功的第一步。当然，这些领域有成千上万个职位等待着有创意的人才，但我说的不是这个。真正重要的是让孩子学会去提问、设计、制作、创造、测评和批判性地思考，这些才是他们在任何领域做出傲人成绩的资本。

STEAM 真的超有意思！祝你学习愉快！

目 录

如何使用本书
1

第一章
科学
5

7　跳舞的葡萄干

8　瓶子里的气球

11　下落的橘子

13　潜水的番茄酱包

14　泡腾火箭

16　袋子里的豆子

18　瓶中龙卷风

20　"吃软不吃硬"的非牛顿流体

22　光盘气垫船

24　晶体花园

27　会生锈吗？

28　会爆炸的袋子

30　不怕火的气球

31　钓冰

32　灭火器

34　松软的香皂

36　泡沫爆炸

38　水果船

41　不漏水的袋子

42　像纸一样重

43　北极动物如何保暖？

44　光溜溜的鸡蛋

46　袋子里的冰激凌

49　岩浆灯

51　左还是右？

52　逃跑的胡椒

53　下沉还是上浮？

54　彩虹雨

56　罐子里的天空和日落

59　声波实验

60　易拉罐潜艇

62　蛋上行走

65　什么溶于水？

66　行走的彩虹

69　发酵的气球

第二章
技术
71

73　神奇的勺子

74　传导率

77　飞鸟

78　早餐里的铁

80　风力小车

82　漂浮的指南针

84　喷气式快艇

86　拐弯的水

87　柠檬的威力

90　磁力小车

92　纸电路艺术

95　硬币手电筒

98　磁力纸偶

100　磁钟摆

102　制作电磁铁

104　茶包热气球

106　闪电小火花

108　风车挑战

110　绳子电话

112　滑索挑战

第三章
工程
115

117　气球大炮

118　气球车

120　雪糕棒桥

122　激光迷宫

125　吸管云霄飞车

126　滚珠大暴走

128　鸡蛋保护

130　悬浮的乒乓球

132　明轮轮船

135　排箫

136　纸杯飞行员

138　降落伞

141　纸飞机挑战

142　绒球滚滚乐

144　滑轮系统

147　零食建筑

148　结实的形状

150　吸管飞机

152　陀螺

155　吸管筏

第四章
艺术
157

159　泡泡画

160　糖果彩虹

162　起泡的钟摆

165　混色冰

166　跳舞的纸

168　神奇的牛奶

170　马克笔层析法

172　磁铁画

175　彩虹的颜色

176　油水相斥画

177　冰的艺术

178　涂鸦机器人

180　对称画

183　旋转艺术

184　水杯木琴

第五章

数学

187

189　你能跑多快?

191　硬币上的圆顶

192　快速冷却汽水

194　多快可以冷却?

197　肺活量

199　制作纸链条

202　雪糕棒弹弓

204　消失的冰块

207　爆米花数学

208　干冰的体积

210　温室效应

212　天平

214　铅笔日晷

216　滑行距离

218　汽水间歇喷泉

第六章

汇总

220

表格

223

图表

226

如何使用本书

这本书按照 STEAM 领域分为不同章节：科学、技术、工程、艺术、数学。不过这些领域都有内在联系，一个实验可能涉及多个领域。每个实验都有彩色的一栏标出它涉及的"其他类别"。

现在让我们进入核心部分：实验。

做准备

这本书里有趣的实验相当多！它们彼此独立，随便你先做哪一个，不必拘泥于书里的次序。找一个时间与小伙伴一起，选择你认为最有意思的实验开始动手吧。

确定了要做哪个实验之后，先看一下材料列表，大部分材料应该是家里就有的，如果碰巧没有现成的，就跑趟商店去买。

准备好笔记本和铅笔。高效的科学家会做细致的笔记，记录问题、现象、数据，甚至画出图形。尽早养成这些好习惯，你会学得更好，玩得更尽兴。

材料都准备好之后，就可以坐下来阅读"大问号"了，就是启动实验的一两个问题。再想想有没有其他相关的问题，写下来。

了解实验的基本内容，就可以提出假设了，可以是有科学依据的推测，也可以只是自由地推测。也许你已经知道实验结果会如何，没关系，还是做个假设，并验证假设是否成立，真正的科学家就是这样做的。

假设的格式是"我认为……因为……"。假设不是随意的猜想，而是有理由的推测。想想你所学到的东西，每个推测背后都应有理由。

比如，要混合发酵粉和醋的时候，你的假设可能是："我认为会有东西喷出来，因为会产生大量气泡。"实验能验证你的假设是正确的。

不过你知道吗？即便假设错了也没有关系。这本书里的很多实验就是出乎意料的，而这些实验往往是最有意思和最启发人的。错误能打开一扇门，让我们提出更多的问题，进而发现更多的答案。

扫一眼实验难度和时长，看看是否适合自己。除了几个比较费时的，大部分实验都很短。

最后，记得阅读实验中"注意"的部分（如果有的话）。有些实验特别好玩，但是会把周围弄得一团乱，所以要去室外操作；有时候小孩子需要大人帮忙使用工具，或者实验中要远离几步。总之，要了解是否有潜在危险。

准备好了之后，就捋起袖子加油干吧！

做实验

每个实验都有详细易懂的步骤说明。按照步骤来慢慢完成实验，注意自己的操作中是否有偏离。

实验完成后，花一些时间来阅读和思考"观察"中提出的问题。你的假设是否正确？实验中有无意料之外的现象？为什么有这样的实验结果？写下你的回答，如果有其他相关的问题，也一并写下来。

一定要阅读"原理"部分，它用简单的语言给实验做出了科学的解释。"原理"让我们看到生活中的科学。

有很多未来的科学家需要了解的词汇，本书已给出了解释。如果还有不了解的，可利用字典和网络来查阅。

"试试看"的部分是拓展实验，可以让你学以致用，提出新的问题并设计实验来回答这些问题吧。

STEAM 的各个领域互有关联，很多实验都涉及多个类别。举个例子：弹弓实验涉及势能和动能的知识（科学），需要了解简单的机械构造（技术），知道怎样制作（工程），还要设计创造（艺术），以及测量发射物的飞行距离（数学）。这些领域密切相关。如涉及不同类别，会在页首在和页面下方（以突出的字母）提示。

记住，即便实验进展不顺，也不要气馁。失败是通往新发现的大门。做出调整，再试一次，攻克这个难题。实验最棒的部分就在于：无论结果如何，我们都能玩得开心！

第一章

科 学

准备好发现和创造的惊喜吧!

在这一章里,你能不用嘴就将气球吹起、下一场彩虹雨、利用简单的化学反应让塑料袋爆炸、溶解蛋壳,还能一夜之间造一座"水晶花园"以及更多更多!

本章几乎所有材料都是家里现成的,不过有两样特殊材料可能需要购买。在"泡沫爆炸"实验(36页)中需要用到半杯过氧化氢溶液,几块钱就可以在药店买到。另一样是"易拉罐潜艇"实验(60页)中9厘米的聚乙烯管(PE管),在五金店或网上可以买到,也很便宜。

作为未来的科学家,有几个做科学实验的指导原则需要记住。

第一,多问问题。实验是否有趣就在于你是否问对了问题。记得多问"为什么这样"和"怎样运作"。

第二,带着问题去做实验。本章的实验是一种基础训练,教你学会提问,带着问题去做实验,通过实验寻找答案。

第三,失败不可怕。如果实验不成功,检查自己哪里出错了,从错误中学习。做出调整,完成实验。在真正的实验室里,科学家同样是发现"什么行不通"多过"什么行得通"。这些都是学习的自然过程,别气馁。

第四,做好笔记。拿出笔记本,记录你所做的实验以及从中学到了什么。记下你的疑问和新的实验点子。画出图表。如果调整了变量(也就是实验中你可以改变的因素),把调整的变量和实验结果也记下来。优秀的科学家都善于记录详尽的笔记。

最后,尽享实验的快乐吧!探索和发现新事物是人生最美妙的体验了。记住这些惊喜,记住这些欢乐的时光!

跳舞的葡萄干

实验难度　　低
实验时长　　10 分钟

 把葡萄干丢进（含二氧化碳的）汽水里会怎样？下沉？还是上浮？结果可能会让你感到惊讶，不过一顿美味的甜点是跑不了啦！

材料

- 透明杯子 2 个
- 透明汽水（含二氧化碳）
- 水
- 葡萄干

步骤

1. 将汽水与水分别倒入两只透明的杯子里，水的杯子为实验参照[1]。

2. 向两杯水中放葡萄干，一次一颗，放多次。

观察

两杯水中的葡萄干有什么不同表现？

试试看

还有什么小东西可以放入汽水里呢？你可以试一试小珠子、其他果脯、小豆子、干面团，等等。

原理

汽水中的小气泡附着在葡萄干皱皱的表面，葡萄干的细小褶皱就是气泡的成核点[2]，当足够多的气泡聚集在一颗葡萄干上时，它就会像戴了许多个微型救生圈一样浮出水面。浮出来之后，气泡就会破裂，葡萄干就沉回水中，然后再次聚集气泡。所以葡萄干在汽水中浮浮沉沉，就像在杯子里跳舞一样！

---

1 实验参照：不做任何处理的实验组，用来了解常规情况。
2 成核点：物体表面的小孔或凹凸不平，有助于固体、液体和气体的分离。

瓶子里的气球

实验难度　中
实验时长　20 分钟

温度和气压有什么关系呢？在这个"动动手"科学实验里，我们来变一个超级酷炫的戏法，看看气压是如何随着温度发生变化的。你的小伙伴们会以为你去了趟霍格沃茨魔法学校吧！

注意　请大人帮忙操作热水和热玻璃瓶。要记住热杯子表面上和凉杯子看起来是一样的，所以整个实验中都要戴隔热手套来取放瓶子。

材料

- 细口玻璃瓶
- 水
- 隔热手套
- 防烫架
- 小气球
- 量勺

步骤

1. 将 15 毫升水倒入玻璃瓶中。

2. 将玻璃瓶放进微波炉加热 1 分钟。如果瓶子太高放不进去，就把它斜着放进（可用微波炉加热的）碗里再加热。

3. 加热后的瓶子和水会很烫，戴着隔热手套把瓶子拿出来，放在厨房操作台的防烫架上。

4. 手套别摘。迅速将气球套在瓶口上，然后静观其变。

观察

气球发生了什么变化？从微波炉取出后瓶内又有什么变化呢？

试试看

运用本次实验中学到的原理，你能把气球从瓶子里"推"出来吗？

原理

密闭空间中的气体，温度[1]升高，气压也会升高。当瓶子里的水升温时，气压随之升高，气体受热膨胀将气球鼓起；反之，水温降低，气压下降，瓶子外面的气压就会比里面的大，气压差造成外面的空气挤向瓶子里面，从而把气球往瓶里推。

---

1 温度：物体的冷热程度。

下落的橘子

实验难度　　低
实验时长　　10 分钟

 你看过"抽桌布"的戏法吗？就是那种把堆放着盘子的桌布从桌子上抽出来，而盘子却不掉下的。你有没有想过"这怎么可能呢"？我们来变个类似（且更经济）的戏法，能让你在朋友面前秀一把，还能教他们认识认识"惯性"。

材料

- 塑料水罐，装一半水
- 明信片（或者硬纸板）
- 硬纸筒（比如卷纸或厨房纸的纸筒）
- 橘子

步骤

1. 演示开始之前，将明信片放在水罐上面。

2. 将硬纸筒放在明信片上。

3. 将橘子放在硬纸筒上。

4. 准备好了，就迅速将明信片抽出来，看看会发生什么。

观察

抽出明信片，橘子会怎样？

试试看

如果撤掉硬纸筒，把橘子直接放在明信片上，结果有何不同？为什么？把橘子换成重一些的东西，比如西柚或甜瓜，又会如何？

原理

牛顿第一定律指出：任何物体总保持匀速直线运动或静止状态，直到外力迫使它改变状态为止。物体保持现有运动状态或静止状态的特性叫作惯性。

质量[1]越大，惯性越大。也就是说，重的物体相较轻的物体更难改变原有状态。

硬纸筒轻，惯性小；橘子重，惯性大。因为橘子较重，比硬纸筒难拉动，所以它待在原处进而落进水罐里。

---

1 质量：物体中所含物质的量的量度。

潜水的番茄酱包

实验难度　　低
实验时长　　15 分钟

 你能"隔空"让水中漂浮的物体沉下去吗？来学个很酷的科学"戏法"吧，看看体积和密度的关系。

材料

- 番茄酱包（吃薯条时送的那种即可）
- 装了水的碗一个
- 带盖的塑料瓶一个
- 水

步骤

1. 将番茄酱包放到碗里，看看能不能漂在水面上，如果沉下去了，就多试几包，直到找到可以漂在水面上的。

2. 将找到的酱包放入瓶子。

3. 将瓶子装满水，盖好盖子。

4. 酱包应该是浮在水面上的。两手抓着瓶子，使劲挤。

观察

用力挤瓶子时，酱包有什么变化？松手时，酱包又如何？

试试看

往瓶子里加几勺盐，再试试刚才的实验，盐水会改变酱包的反应吗？

原理

番茄酱包在工厂封口时，常常会封入一点儿空气。这一点儿空气足够让它在水里浮起来。但是，挤压瓶子时，酱包里面的空气也被挤压，体积变小，密度[1]增大，酱包就沉入底部；松手之后，酱包才又浮起来。

---

1 密度：物质单位体积的质量。

泡腾火箭

实验难度   低

实验时长   30 分钟

 你能通过一种常见的化学反应来发射火箭吗？我们来了解一下气压，看看当气压突破容器时会发生什么。

 注意   切记要跟你的"火箭"保持一定距离，以免它们发射时打到你！这个实验要在室外做。

材料

➲ 小罐装的 M&M 豆的瓶子
（如果没有，也可用其他类似的瓶子，只要盖子有一定的密封性，但又不是旋紧的，能绷开就行，比如有些装维生素的瓶子，要是有过去那种 33 毫米胶卷盒就最好不过了。）

➲ 剪刀
➲ 泡腾片
➲ 水

步骤

1. 在室外找一处空旷的地方。

2. 用剪刀剪断盖子的连接卡扣，让盖子与罐子分离。

3. 将泡腾片放进罐子。

4. 将水倒入罐子，至约 3/4 处，盖上盖子。将罐子倒立在地上，然后离远一点。

5. 等着看火箭发射！

观察

火箭发射时发生了什么？发射之前你又有什么发现？

试试看

改变注水量和泡腾片的大小，看看火箭的发射速度有没有不同。水温对火箭发射有影响吗？

原理

火箭发射的关键就在于泡腾片在水里溶解时发生的化学反应[1]。泡腾片通常由柠檬酸和碳酸氢钠组成，二者遇水反应，产生二氧化碳[2]。产生的二氧化碳气体越来越多，罐子里的气压就越来越大，直到将罐子绷开。

---

1 化学反应：物质转变成其他物质的过程。
2 二氧化碳：一种无色无味的气体，密度比空气大。

袋子里的豆子

实验难度　　低
实验时长　　7~10 天

 阳光对植物的生长有什么影响？黑暗中的种子与阳光下的种子，哪个发芽更快？在这个简单的实验里寻找答案吧！

材料

➔ 两个小塑料密封袋
➔ 两张厨房用纸（或面巾纸、卫生纸等较易吸水的纸）
➔ 一把干豆子（比如花豆、黑豆、菜豆等）

步骤

1. 将纸折叠成能装入密封袋的大小。

2. 用水浸透两张纸，分别放入袋子。

3. 往袋子里的纸上各放几颗豆子，将袋子密封。

4. 将一个袋子放在阳光照射处，另一个放在没有阳光照射的地方（比如壁橱里）。

5. 每日查看，并做观察记录。

观察

看看 7~10 天之后，两个袋子里的豆子有何异同？它们哪天发芽？

试试看

再准备一组豆子放入冰箱，确保纸保持湿润，看看这组豆子的生长变化与另外两组有何不同。

原理

干豆子就是豆类植物的种子。种子发芽需要温度、水和氧气。袋子里的豆子，无论有没有阳光照射，都具备了发芽的条件。不过，在发芽之后，它们就需要阳光了，以便通过光合作用[1]来生产营养物质。

1 光合作用：植物利用阳光将二氧化碳和水生产成有机物质并放出氧气的过程。

瓶中龙卷风

实验难度　低
实验时长　20 分钟
其他类别　工程

 你见过瓶子里的龙卷风吗？准备几个简易装置转起来吧。

材料

- ➲ 大塑料瓶两个
- ➲ 水
- ➲ 小塑料珠或小纸团若干
- ➲ 金属垫圈
- ➲ 密封胶带

步骤

1. 往一只瓶子注水至 3/4 处，放入塑料珠（这样方便观察"龙卷风"）。

2. 将金属垫圈放在瓶口。

3. 将另一只空瓶子倒置在垫圈上，瓶口对齐垫圈。

4. 用密封胶带将两只瓶口固定在一起。

5. 将此组合翻转，空瓶在下，看看会发生什么。

6. 当水完全流到空瓶时，再次翻转，然后旋动瓶子，看看会发生什么。

观察

哪种情况水流空更快？

试试看

看看有什么办法能让水以最快速度流空。摇晃，旋动，挤压，还是静置，怎样最好？

原理

旋动产生漩涡[1]，漩涡带动空气流通，水因此更容易流动。没有漩涡的话，水和空气只能轮流通过瓶口，甚至可能会因为压力[2]平衡而静止不动。

---

1 漩涡：螺旋形流向的液体或气体。
2 压力：指持续作用于物体上的力。

"吃软不吃硬" 的非牛顿流体

实验难度　低
实验时长　30 分钟

 你知道非牛顿流体吗？对它施压，非牛顿流体就变硬。制作你自己的非牛顿流体吧，通过这个有趣的科学实验来了解它的特性。

 注意　这个实验可能会弄得脏乎乎的，尤其是你玩得很投入的话！实验结束后要把玉米淀粉混合物扔到垃圾桶里，因为倒到水池子里可能会堵住下水道。

材料

➔ 碗
➔ 玉米淀粉
➔ 水
➔ 食用色素
➔ 漏勺

步骤

1. 在碗中将玉米淀粉和水以 2 ∶ 1 的比例混合。比如：一杯玉米淀粉加半杯水。

2. 加入几滴色素（只是为了好玩），搅拌均匀。

3. 用这坨淀粉开心地玩吧。用手捏个球，把它放进漏勺，看看会发生什么。

观察

用手捏"流沙"（淀粉团），会发生什么？松手呢？

试试看

增大或减小淀粉的比例，会有什么变化？

原理

非牛顿流体[1]的性质非常酷：在受压时变得黏滞，释压时黏性[2]降低。牛顿流体则相反。

---

1 非牛顿流体：外力作用下改变黏性的液体。
2 黏性：又浓又稠、不易流动的特点。

光盘气垫船

实验难度 低
实验时长 30 分钟
其他类别 工程

 气垫船是如何工作的？它怎样平滑地驶过颠簸地带？用一些家常工具来做一艘迷你气垫船吧，看看它是如何工作的。

材料

- 光盘
- 拉拔式瓶盖（从水瓶或洗洁精瓶取得）
- 密封胶带
- 小气球

步骤

1. 将光盘放在硬的桌面或地板上滑行。看看它能滑行多远。

2. 做一艘气垫船：将拉拔式瓶盖对准光盘圆孔放置，用密封胶带沿接缝四周缠绕，要做到不留空隙，完全密封。

3. 将拉拔式瓶盖盖上。

4. 吹气球，把球嘴拧两下，以免跑气。

5. 小心地将球嘴撑开，固定在拉拔式瓶盖上，调整好气球位置，让它悬在光盘正上方。

6. 把气垫船放在光滑的平面上，轻轻拍一下气球，看看会发生什么。

观察

光盘气垫船和普通光盘的滑行有什么不同？各自能前进多远？

试试看

你能改进这艘气垫船吗？搜罗一些可回收废物作工具，看看能不能让气垫船行进得更高或更远。

原理

气球放出来的气形成气垫层，能让光盘气垫船几乎毫无阻力[1]地行驶。气往下跑，光盘因此能飘起来一点，移动自如。我们的光盘气垫船只能在距离光滑的平面几厘米的地方滑行，而大型的气垫船能驾驭各种地形，包括坑洼路面、雪地和水域。

---

1 阻力：妨碍物体运动的力。

晶体花园

实验难度　　中
实验时长　　12 小时

 大自然中有不计其数的晶体[1]，比如钻石、黄铁矿、紫水晶和石英。你有没有想过晶体是如何产生的？种一片盐水晶花园吧，看看答案是什么。

材料

- 镁盐
- 透明玻璃罐子
- 热水
- 搅拌棒
- 小绒球
- 容量 100 毫升的量杯

步骤

1. 量一杯镁盐放入罐子。

2. 量一杯很烫的热水与镁盐混合，小心烫手。

3. 搅拌均匀，罐底即使有未溶解的盐粒也没关系。

4. 把小绒球丢进去，充分搅拌。

5. 把罐子放入冰箱，静置 12 小时。

6. 看看有没有晶体形成，小心地倒掉多余液体，以便更仔细地观察。

7. 可以用手摸摸晶体，不过它们很脆，可能会碎。

---

1 晶体: 原子或分子高度有序排列的固体。

观察

晶体像什么？小绒球像什么？

试试看

用其他家常的材料（比如发酵粉、糖或精制食盐）来制作晶体，看看形成的晶体有何异同。（其他材料可能要将罐子放在冰箱静置更长时间才能形成晶体。）

原理

热水比冷水溶解的盐更多，这样的过饱和盐水[1]是不稳定的。随着温度下降，盐分子从溶液中析出并很容易在附着物上结晶。小绒球在溶液中的作用就是提供成核点，或者说，是提供便于晶体形成的粗糙表面。

---

1 过饱和盐水：一种过饱和溶液，溶液中溶质的浓度超过通常情况下该溶质的溶解度。

会生锈吗？

实验难度　　低
实验时长　　7 天

 为什么有些东西会生锈而有些不会？锈是如何产生的？在这个有趣的科学探索中寻找答案吧。

材料

- 纸杯若干
- 水
- 家里的各种金属物品，比如钉子、曲别针、安全别针、硬币、发夹、订书钉等

步骤

1. 每个杯子装大约半杯水。

2. 每个杯子里放一个金属物品。

3. 连续 7 天，观察杯子里有什么变化，做好记录。

观察

哪些物品生锈了？有没有出乎你意料的？

试试看

每种金属物品各取两个，重复以上实验，一个放入纯净水中，一个放入盐水中。两种情况的生锈速度是否相同？

原理

铁锈是一种被称为氧化[1]铁的棕红色物质，是金属铁与空气、水接触产生的，这一化学反应过程叫作氧化。因为水里有氧气，所以含铁的金属物品会产生铁锈。

---

1 氧化: 指原子、分子或离子失去电子的化学反应过程，通常是与氧化合。

会爆炸的袋子

实验难度　　低
实验时长　　15 分钟

 你可能对醋遇小苏打会"火山爆发"的情形并不陌生，但是如果把它们放进密封塑料袋里，会发生什么呢？观察袋子里气压的变化，来了解醋和小苏打的化学反应吧。你会惊掉下巴的！

 注意　将小苏打放进袋子并密封之后，一定要站远一点。

材料

➔ 塑料密封袋
➔ 醋
➔ 卷纸
➔ 小苏打
➔ 量杯和量勺

步骤

1. 一定要在室外或者是什么不怕弄脏的地方做实验。

2. 将半杯醋倒入密封袋，放到一边。

3. 将一勺小苏打倒在几节卷纸上。将纸紧裹成一小包。

4. 快速将小苏打包丢进袋子，密封好。

5. 晃一晃袋子，然后把它丢在地上，后退几步。

观察

密封袋会怎么样呢？醋和小苏打起反应的时候，你有什么发现？

原理

醋遇小苏打会产生二氧化碳，随着二氧化碳气体增多，袋子里的气压会增强。当气压突破袋子的承受能力时，袋子就会爆炸！

不怕火的气球

实验难度	低
实验时长	20 分钟
其他类别	数学

 把气球放在小火苗上会发生什么呢？来了解水的热传导属性吧，只需要一只气球和一根蜡烛，你就可以变一个惊人的科学戏法。

 注意 在有火柴和明火的地方随时都要注意安全，邀请一个大人来协助实验。

材料

- ➔ 两只小气球
- ➔ 火柴
- ➔ 小蜡烛
- ➔ 凉水

步骤

1. 吹一只气球，在球嘴处打好结。

2. 用火柴点燃小蜡烛，将气球放在蜡烛的火苗上，看看会发生什么。

3. 在另一只气球里装些凉水，吹大，打好结。

4. 将装水的气球也放在火苗上方，慢慢地靠近火苗。

观察

两只气球会怎么样呢？有何不同？

试试看

气球装水之前，用温度计测量一下水温。实验结束后，将装水的气球拿到一只杯子上戳爆，再次测量（杯子里的）水温。水温有变化吗？

原理

水可以吸收火苗的热量，从而让气球保持低温，凉的气球是不会爆炸的，除非水温已经足够高，不能再吸收火苗的热量了。

钓冰

实验难度　　低
实验时长　　20 分钟

 你那里冬天会下雪吗？你有没有注意过，人们在下雪之后常常在台阶、门廊和马路上撒盐？你知道冰遇到盐会发生什么吗？带上绳子去钓冰吧，你永远都不知道可能钓到什么！

材料

- 一杯水
- 冰块
- 细绳（或线）
- 食盐

步骤

1. 将几块冰放进一杯水里。

2. 将细绳放在冰块上面，尽量接触到每一块冰。

3. 撒一些盐在冰块和细绳上。

4. 等一分钟，轻轻将细绳从杯子里拉出来，看看钓上来了什么。

观察

看看一次能钓上来多少冰块。

试试看

换一种盐来钓冰会怎么样呢？比如镁盐、粗盐、小苏打。

原理

盐能降低水的凝固点。纯水的凝固点是0 摄氏度，而盐能使它的凝固点降低好几度，因为盐会妨碍水分子凝聚成冰。这就意味着盐能使冰融化，所以你能看到盐在冰块上融化出小凹痕。

不过，因为我们在这个实验里只用了一点点盐，冰块四周的水很快又会结冰，将绳子给一块儿冻上，所以很快冰就"粘"在绳子上了。

灭火器

实验难度　　中
实验时长　　15 分钟

灭火器是如何灭火的呢？只要用几种你家厨房里可能就有的材料，就可以制作一个小型灭火器来熄灭小火了，还能学会一种利用经典化学反应的新方式。

注意　在有火柴和明火的地方随时都要注意安全，邀请一个大人来协助实验。

材料

- ➔ 约 500 毫升容量的杯子、罐子或瓶子
- ➔ 量勺
- ➔ 75 毫升醋
- ➔ 火柴
- ➔ 小蜡烛
- ➔ 小苏打

步骤

1. 把醋倒进杯子里。

2. 用火柴点燃小蜡烛。

3. 将小苏打加到醋里。

4. 快速而小心地将杯口靠近火苗（注意别把醋溶液洒出来）。

观察

为什么火苗会熄灭呢？为什么小火苗一吹就灭呢？

试试看

改变醋和小苏打的用量，看看反应有没有变化。

原理

火苗需要氧气才能持续燃烧。在这个实验中，醋与小苏打混合会产生二氧化碳，二氧化碳比空气重，所以它会很快沉到火苗上。氧气被二氧化碳挤跑，火就熄灭了。很多灭火器都能产生二氧化碳以及其他化学物质来扑灭火焰。

松软的香皂

实验难度　　低
实验时长　　20 分钟
其他类别　　数学

 一块香皂在水里是会上浮还是下沉？把它放进微波炉里加热会怎么样？所有香皂反应都一样吗？在这个简单而新奇的科学实验里去发现香皂的特性吧，并且比较一下不同品牌的香皂反应有何不同。

 注意　香皂用微波炉加热后会很烫，注意不要立刻用手接触。另外，在微波炉加热时，如果闻到煳味就要马上关火。

材料

➡ 一碗水
➡ 一块香皂
➡ 几块其他品牌的香皂
➡ 可微波加热的盘子

步骤

1. 将香皂放入水中，观察它会上浮还是下沉，做好记录。

2. 依次测试其他品牌的香皂，看看它们在水中上浮还是下沉。

3. 将香皂放在可微波加热的盘子里，用微波炉加热 1 分钟，透过炉门观察，香皂有什么反应？

4. 依次测试其他品牌的香皂，做好观察记录。

观察

香皂的密度是否会影响它在加热时的反应？

试试看

在香皂加热的前后分别称重，比较质量是否有变化。并思考为什么。

原理

搅打皂液制作香皂时会带入很多空气，产生很多气孔，气孔使得香皂密度小于水，所以可以浮在水上。

香皂在微波炉里加热时会像蛋奶酥一样膨胀，这是因为：困在气孔里的水分子受热变成水蒸气，水蒸气出来的同时把肥皂胀大了。

其他品牌的香皂也含有不同比例的空气，这些香皂的反应有何异同？

泡沫爆炸

实验难度　　低
实验时长　　15 分钟

过氧化氢为什么要用棕瓶装？那是因为它容易分解。利用这个特性，我们来做一个爆炸实验吧，看看催化剂的厉害。这个实验特别酷！

注意　过氧化氢会刺激皮肤且能漂白衣服，操作时要小心。

材料

- 约 500 毫升容量的塑料瓶或玻璃瓶
- 洗洁精
- 量杯和量勺
- 食用色素
- 半杯过氧化氢溶液（网上或药店购买）
- 大盘子
- 小塑料密封袋
- 一勺酵母粉
- 两勺凉水
- 漏斗

步骤

1. 将过氧化氢溶液、一点洗洁精和一点食用色素倒入瓶子，混合均匀。

2. 把大盘子放在瓶子下面，用来接住溢出物。

3. 将酵母粉和水倒入密封袋，混合均匀。

4. 用漏斗将酵母混合液倒入过氧化氢混合液，这一步一定要快，因为会马上起反应。

5. 从瓶子里"爆"出来的泡泡混合物就是彩色洗洁精水，完全可以用手去摸一摸，不过瓶子会有点热，因为这个化学反应是放热反应[1]。

原理

过氧化氢在自然条件下即可分解成水和氧气。在这个实验中，酵母粉的混合物起到了催化剂[2]的作用，让这个自然反应发生得更快了。氧气快速地从瓶子里冒出来，带动了瓶中的洗洁精水，四处飞溅。

一般情况下，盛放过氧化氢的容器为棕色的塑料瓶，这样可以保护其免受光照，因为阳光也可以使其迅速分解——虽然不像酵母粉催化剂那样快速或"爆"出来。

---

1 放热反应: 释放热的化学反应。
2 催化剂: 能加速化学反应且自身不发生改变的物质。

水果船

实验难度　　低
实验时长　　20 分钟

 什么水果能做成船浮在水上？果皮有没有影响？制作你自己的水果船吧，看看有没有惊喜。

 注意　请大人帮忙切水果。

材料

- 各种你想试验的水果，比如苹果、香蕉、梨、猕猴桃、葡萄、草莓、甜瓜
- 水果刀
- 牙签
- 小三角形纸片
- 一大碗水

步骤

1. 将水果一分为二，一半去皮，一半不去皮，然后切成水果片。

2. 将牙签粘上小纸片作为帆，确保每片水果都有帆。

3. 把帆插在每片水果的切面，在把帆插到没去皮的水果时，注意不要扎破水果的皮，或者你也可以试试扎在皮上是什么效果。

4. 将水果放进水里，看看是上浮还是下沉。

越玩越聪明的科学实验

观察

哪些水果下沉？哪些上浮？果皮有无影响？结果是否在你意料之中？

试试看

将水果切得更小。切片的大小会影响结果吗？

> **原理**
>
> 有些水果，比如苹果，含有很多小气囊。这就使得它们的密度小于水，能浮在水上，适合做"船"。
>
> 有些水果，比如橘子，去皮后密度大于水。不过果皮里包含很多小气囊，而且果皮与果肉的空隙里有空气。这类水果带皮能漂在水上，去皮则会沉下去。当然，还有些水果不管带不带皮都会沉下去，因为它们的密度比水大很多。

不漏水的袋子

实验难度　低
实验时长　15 分钟

 用削尖的铅笔戳穿一袋子水，会如何？做个实验来寻找答案吧，估计大人也不知道哟。在这个简单有趣的实验里，我们来了解聚合物的特性。

材料

- 塑料自封袋
- 水
- 几支削尖的铅笔

步骤

1. 将水倒入自封袋至 3/4 处，挤掉袋内的空气，锁好封口。

2. 一手拿自封袋，另一手用一支削尖的铅笔戳穿自封袋，笔尖要贯穿袋子。

3. 将剩余的笔都戳穿自封袋。

观察

水洒出来了吗？

试试看

用塑料购物袋有何不同呢？用装水的气球呢？

原理

塑料自封袋是由一种叫作聚乙烯的聚合物[1]制作的。铅笔贯穿塑料时，笔尖是从聚合物链中挤过去的，并没有破坏链条。这些灵活的链条迅速调整，沿着铅笔的边缘形成新的密封，所以水不会洒出来。

---

1 聚合物：是一种长链分子或大分子，通过连接重复的化学单元来构建。

像纸一样重

实验难度 低
实验时长 5 分钟

 纸片和石头，哪个先落地？去高处试试看吧。

材料

- 纸片
- 石头

步骤

1. 一手拿纸片，一手拿石头，比比看哪个重？哪个会先着地？

2. 将纸片团成一团，越小越好。

3. 在室外选择一处可以安全地扔下石头而不会砸到人的地方。

4. 从同一高度，让石头和纸团同时落下。

观察

哪个先落地？

试试看

取两张同等重量的纸，一张团成小团，一张维持原状。同等高度让它们同时落下，哪个先着地？为什么？

原理

地球上的物体都受万有引力（表现为重力）的作用。重力所致的加速度[1]不受物体重量的影响。这就是说，除开空气阻力[2]的影响，不管是一架钢琴还是一颗弹珠，只要是在同等高度落下，就会同时落地。

---

1 加速度：描述速度变化的快慢和方向的物理量。
2 空气阻力：空气对运动物体的阻碍力。

北极动物如何保暖？

实验难度　　低
实验时长　　20 分钟
其他类别　　数学

 你有没有想过，北极的动物是如何在冰天雪地里保暖的呢？假装自己是一只海象或北极熊，钻进厨房去寻找答案吧！

材料

- 满满一碗冰水
- 起酥油

步骤

1. 将一根手指伸进冰水里，计时看能在里头停留几秒，注意不要冻伤，受不了就赶紧拿出来。

2. 抽出手指，回温。

3. 请人帮忙将一根手指裹上厚厚的起酥油，要裹严实，不留一点空隙。

4. 将裹好的手指伸进冰水里，看看这次能坚持多久。

观察

裹着起酥油的手指能感觉到冰水吗？它能在水里待多久呢？

试试看

将手指裹上其他材料，看看是不是跟起酥油一样隔热。测量每次手指在冰水里停留的实验时长，做好记录。可以试试花生酱、黄油、面包、打发奶油等材料。

原理

起酥油是脂肪做的，在这个实验里代表鲸脂，就是海豹、海象、鲸鱼、北极熊这类北极动物身上覆盖的隔热层。"鲸脂"非常管用，对吧！

光溜溜的鸡蛋

实验难度 低
实验时长 24 小时

鸡蛋泡在醋里会怎样？在这个实验里，我们将了解酸碱反应，还能创造出你可能从没见过的东西。

注意 接触生鸡蛋后一定要用肥皂把手洗干净。

材料

- 3 个杯子（或罐子）
- 白醋
- 食用色素
- 3 个鸡蛋

步骤

1. 杯子里各放一个鸡蛋，再倒入醋，醋的高度要没过鸡蛋。

2. 往醋杯子里各加入几滴食用色素，混合均匀。

3. 把杯子放入冰箱，静置，每隔几个小时检查一次，看有什么变化。

观察

鸡蛋没入醋里时有什么变化吗？放置 24 小时后看起来如何？摸起来如何？

试试看

另取 3 个杯子，倒入不同的透明液体，比如蜂蜜、洗手液、汽水、盐水或肥皂水。每次尝试一种，静置 24 小时，看看鸡蛋有什么变化。

原理

因为醋是酸性的，而鸡蛋壳的主要成分碳酸钙是碱性的，所以蛋壳会溶解。醋将固体碳酸钙分解成碳和钙，钙离子游离在水里，碳经过化学反应形成二氧化碳（就是蛋壳上产生的微小气泡）。

袋子里的冰激凌

 盐和冰相遇会如何？温度会起变化吗？自己动手量量看吧，还能用美味的"冰点"犒劳自己！

材料

- ➲ 2 个大碗
- ➲ 量杯和量勺
- ➲ 20 杯冰（分开放）
- ➲ 2 杯水（分开放）
- ➲ 6 勺盐
- ➲ 温度计
- ➲ 小塑料密封袋
- ➲ 半杯牛奶
- ➲ 1 勺糖
- ➲ 1/4 勺香草精
- ➲ 大塑料密封袋
- ➲ 勺子

步骤

1. 将 10 杯冰与 1 杯水混合放入大碗中。

2. 另一个大碗里放入 10 杯冰、1 杯水和盐。

3. 几分钟后，用温度计分别测量两个碗里混合物的温度。哪边温度低？

4. 往小塑料密封袋里加入牛奶、糖和香草精，挤掉空气，密封严实。

5. 将含盐的冰水混合物（从碗）倒入大塑料密封袋。

6. 将小塑料袋也放入大塑料袋，然后密封大塑料袋。

7. 晃动大塑料袋 5~10 分钟，或者直到牛奶混合物变成软固体。

8. 打开大塑料袋，取出小塑料袋。将小塑料袋用水冲洗干净，特别是封口处。

9. 打开小塑料袋，拿把勺子，享用美味的甜点吧。

观察

加盐的冰水温度是多少？牛奶混合物怎样快速凝固成冰激凌呢？

试试看

不把牛奶混合物放入盐冰水，而是直接放进冰箱里，看看反应有何相同，有何不同？

原理

自制冰激凌需要牛奶半结冰，而大部分冰箱冷冻室的温度都设置在零下 18 摄氏度，所以牛奶直接放进去就会完全冻成固体，口感硬而不柔滑。水在 0 摄氏度结冰，牛奶因为含有蛋白质和脂肪，凝固点相对要低，这就意味着冰块没办法让牛奶结冰。盐能降低水的凝固点，使冰融化，所以含盐的冰水混合物的温度要低于 0 摄氏度。盐冰水的温度接近零下 17.8 摄氏度（你可以用温度计证实），足以让牛奶在 10 分钟内半结冰成冰激凌，而不会完全冻成固体。

岩浆灯

实验难度　　低
实验时长　　15 分钟

 把泡腾片丢进水里会发生什么？在水面浇上一层油又会如何？在这个实验里，我们来自制岩浆灯，认识酸和碱，利用物质的密度来玩实验。

材料

- 透明的杯子或罐子
- 水
- 食用色素
- 植物油
- 泡腾片
- 量杯

步骤

1. 量一杯水倒入罐子。

2. 往水里加几滴食物色素，搅匀。

3. 往水里倒一杯植物油，油会停在哪里？

4. 把泡腾片等分为四片，将一小片丢进油水混合物，看看会发生什么。

5. 继续放泡腾片，欣赏自制岩浆灯吧！

观察

水和油为什么不相融？为什么油分层在上，水在下？

试试看

试试不同的油和透明液体，看看反应有何不同？
比如：橄榄油、矿物油；医用酒精、苏打水。

原理

泡腾片由碳酸氢钠（碱性[1]）和干柠檬酸（酸性[2]）组成，两种物质遇水则混合起反应，就像小苏打和醋那样。反应生成二氧化碳，就是你看到的穿过岩浆灯的小气泡。气泡带着水穿过油层冒出来，但油水不相融，所以水滴又落回底层，这样，就形成了气泡水泡上蹿下跳的欢快场景。

---

1 碱性：溶液中含有过量氢氧根离子时的性质。电离时的负离子全部是氢氧根离子的化合物称为碱。

2 酸性：溶液中含有过量氢离子时的性质。电离时生成的正离子全部是氢离子的化合物称为酸。

左还是右?

实验难度　　低
实验时长　　10 分钟

 当光穿过一满杯水时会发生什么呢?让我们通过下面这个酷酷的实验,来了解光和折射吧。

材料

- 一张纸
- 马克笔
- 胶带
- 透明的高杯子或高罐子
- 水

步骤

1. 用马克笔在纸上画一道横箭头。

2. 用胶带把纸贴在墙上,或者用书卡住,让纸竖立起来。

3. 将杯子放在纸前面,透过杯子能够看到箭头。

4. 透过杯子看箭头,并往杯里慢慢加水,水要加到高过箭头的位置。

观察

当水"漫过"箭头时,箭头看上去有什么变化?

试试看

移动水杯,看看箭头的形状和位置有何变化。比如水杯离纸更近或更远时,有变化吗?用方形杯和圆形杯又会有何不同?你能猜到焦点在哪里吗?

原理

光在穿过水杯时发生折射[1],尤其是圆形水杯,光线向中心偏折并在另一边形成焦点[2],这样左边的光就到右边了,反之亦然。所以箭头看起来是相反的。

---

1 折射: 光线从一种介质进入另一种介质时传播方向发生偏折。
2 焦点: 光折射后的汇聚点。

逃跑的胡椒

实验难度 低

实验时长 10 分钟

 洗洁精滴到水里会发生什么？为什么呢？在这个轻松有趣的实验里，我们来制作"胡椒逃跑"的场景吧！

材料

- ➔ 烤盘或深盘
- ➔ 水
- ➔ 黑胡椒粉
- ➔ 洗洁精

步骤

1. 将水倒入盘子，水深至少 2 厘米。

2. 将黑胡椒粉撒在水里。

3. 挤一滴洗洁精到盘中央。

观察

滴入洗洁精后，黑胡椒粉有什么变化？

试试看

用盐水代替自来水，实验结果有何不同？

原理

液体表面的分子紧密联结，形成一个"罩子"，也叫表面张力[1]。胡椒粉很轻，表面张力足以将它们托起，所以胡椒粉浮在水面。但是，洗洁精的分子与水分子联结，打破表面张力，"罩子"碎了，水面的水分子分散了，胡椒粉也跟着"逃跑"了。

---

1 表面张力：液体表面分子之间使液体表面缩小的吸引力。

越玩越聪明的科学实验

下沉还是上浮？

实验难度　　低
实验时长　　20 分钟

 把鸡蛋放入液体中，它是会下沉还是会上浮呢？这要看把它放在什么液体里，结果也许会令你惊讶哟！

材料

- 6 个杯子
- 冷水
- 植物油
- 量杯和量勺
- 3 勺盐
- 3 勺小苏打
- 3 勺玉米淀粉
- 3 勺面粉
- 6 个鸡蛋

步骤

1. 倒五杯水、一杯植物油。
2. 一杯水保留不动，作为实验参照。
3. 第二杯水里加盐搅匀。
4. 第三杯水里加小苏打搅匀。
5. 第四杯水里加玉米淀粉搅匀。
6. 第五杯水里加面粉搅匀。
7. 6 个杯子里各放一个鸡蛋，看看有何不同。

观察

哪个杯子里的鸡蛋上浮，哪个杯子里的下沉？为什么？

试试看

将冷水换成热水，往水里加入溶质[1]，直到不再溶解，达到完全饱和的状态，放入鸡蛋，看看结果和原来一样吗？

> ### 原理
>
> 鸡蛋密度比水大，所以入水则沉。但是往水里加盐或其他物质后，溶液[2]的密度增大，有时甚至超过鸡蛋，因此鸡蛋上浮。

1 溶质：溶解在溶剂中的物质。
2 溶液：至少由两种物质组成的混合物，通常是溶质溶解于溶剂中。

彩虹雨

实验难度　　低
实验时长　　15 分钟

 水滴到油里会怎么样呢？让我们来制造美丽的彩虹雨，看看水和油是如何互动的吧！

材料

- ➲ 矿物油
- ➲ 透明的杯子
- ➲ 几个稍小的杯子
- ➲ 水
- ➲ 食用色素
- ➲ 塑料吸液管或药用滴管

步骤

1. 将矿物油倒入透明杯子，放到一边。

2. 稍小的杯子装满水，各加入几滴颜色各异的食用色素。

3. 用滴管将彩色水滴入矿油杯。

观察

水滴入油中会如何？

试试看

盖上杯盖，摇晃油水混合物，静置后产生什么现象？

原理

世界上的大部分物质由分子[1]构成，分子内的原子[2]靠化学键联结。油分子由非极性化学键联结，是非极性分子，而水分子由极性化学键联结，是极性分子。极性分子与非极性分子间的作用力很弱，表现出来就是油水不相融。

---

1 分子：原子结合而成的化学整体，能够独立存在并保存本物质的一切化学性质。

2 原子：物质在化学变化中的最小微粒。原子由带正电的原子核和围绕其运动的电子组成。其中，原子核是原子的核心部分，带正电，由质子和中子组成，集中了原子的绝大部分质量；电子带负电。质子是构成原子核的粒子之一，带正电。中子是构成原子核的粒子之一，质量约与质子相等，不带电，存在于普通氢以外的一切原子核中。

罐子里的天空和日落

实验难度　　低
实验时长　　10 分钟

 为什么天空是蓝色的？日出和日落时为何又变成橙色的？自己动手来做罐子里的天空吧？看看天空为什么会在不同的时间呈现不同的颜色？

材料

➡ 透明罐子或杯子
➡ 牛奶
➡ 水
➡ 手电筒
➡ 量杯和量勺

步骤

1. 将两勺牛奶倒入罐子。

2. 往罐子里加入两杯水，将水和牛奶搅和成乳白色混合液。

3. 在暗室里打开手电筒，让光线贯穿罐子。

4. 移动手电筒，直到手电筒在罐子的后面，光线正对着你。

观察

当光线从侧面穿过罐子时，混合液是什么颜色的？当光线从后面穿过，光线正对着你时，混合液是什么颜色的？

原理

太阳光是七色光的组合，所以用棱镜能看到彩虹。不同颜色的光在空气中传播的波长[1]不同。蓝色光比红色光的波长短，意思就是蓝色光的波长短频率大，红色光传播的波长长频率小。

太阳穿过大气层时，受大气成分比如氧气、氮气的影响，阳光发生散射。波长短的蓝光能量最大，散射出来的光波最多，所以白天的天空看上去是蓝色的。

红色光波长最长，散射最弱。日出日落时太阳离地平线最近，阳光穿过大气层的路程最长，蓝光还没有到达我们的视线就被散射掉了，剩下波长较长的红橙黄色光。

---

1 波长：相邻两个波峰的距离。

声波实验

实验难度　　低
实验时长　　10 分钟

 你能听见振动吗？通过这个酷酷的声波实验来探索声音是如何传播的吧，还能用勺子来做乐器哟！

材料

- 金属勺子
- 12 米长的绳子或纱线
- 尺子

步骤

1. 将勺柄系在绳子中间的位置。

2. 绳子两头分别在你两只手的食指上缠几圈。

3. 将食指凑到耳边，勺子自由悬落至大概腰的位置。

4. 请个朋友用尺子敲勺子。

观察

尺子敲勺子时，你听见了什么？绳子离耳朵远近是否会影响效果？回声持续了多久？

试试看

用不同大小的勺子和叉子来试试，听听尺子敲击时会发出什么样的声音。

原理

声音其实就是在空气或其他媒介中传播的振动。在这个实验中，尺子的敲击引起勺子振动，震动通过绳子传播到耳朵，大脑将这个振动解读为"声音"。

易拉罐潜艇

实验难度　　低
实验时长　　15 分钟

 潜艇是如何潜入水底又浮出水面的呢？自制一艘潜艇来寻找答案吧。

材料

- ➲ 空易拉罐
- ➲ 1 米长的乙烯软管
- ➲ 水
- ➲ 高花瓶或水罐
  （其瓶口或罐口足以将易拉罐放进其中）

步骤

1. 将乙烯软管的一头塞进易拉罐。

2. 易拉罐装满水。

3. 花瓶装水至 3/4 处。

4. 易拉罐放进花瓶，用乙烯管搅动易拉罐里的水，将空气排出。

5. 如果易拉罐还没有下沉，另装一小杯水倒入易拉罐，直到罐子完全满了。要让易拉罐下沉，就不能留任何空间给空气。

6. 易拉罐下沉后，用软管往易拉罐里吹气。吹气的这头要高于花瓶的水位，以免水倒流到嘴里。观察空气被吹进"潜艇"，"潜艇"浮出水面。

越玩越聪明的科学实验

观察

通过软管吹气时，你有何发现？花瓶里的水有何变化？

试试看

你能用空铁罐或塑料瓶来做潜艇吗？看看可回收垃圾箱里有什么可利用的材料吧。

原理

空气进入罐子时，水就被挤出来了。空气的进入使得易拉罐的密度低于周围水的密度，所以它会浮出水面。真正的潜水艇里设置了沉浮箱，下潜时，箱子里注水；上浮时，箱子里装空气。

蛋上行走

实验难度　　低

实验时长　　10 分钟

 你能在鸡蛋上走而不把蛋踩破吗？试一试光脚在蛋上行走，看看鸡蛋能有多结实吧。

 注意　这个实验可能会把周围弄脏，所以记得在鸡蛋盒下面垫块布，或者去户外做实验。

材料

⊙ 垫布

⊙ 6 盒鸡蛋（1 盒 12 个）

步骤

1. 将 6 个鸡蛋盒打开，分两列，三个一组，紧挨着放好。

2. 脱掉鞋袜，一只脚轻轻踩上第一盒鸡蛋，你可能要用椅子或旁人来借点力。

3. 另一只脚踩上邻排第一盒鸡蛋，小心地在鸡蛋上行走，脚尽量放平。

观察

有没有鸡蛋被踩碎？有没有什么避免踩碎鸡蛋的窍门？

试试看

打开一盒鸡蛋，往鸡蛋上面叠放厚书，一次一本，多少本书才能把鸡蛋压碎？怎样摆放盒子里的鸡蛋才能承受更多本书呢？

原理

鸡蛋的形状类似拱桥——最结实的建筑形态之一。它曲线的形状将压力均匀分布在蛋壳上，因此很能受力，不过，一旦受力不均，蛋壳就容易破碎，所以蛋敲碗边时易裂开，用脚后跟在蛋上行走蛋也易碎。

什么溶于水？

实验难度　　低
实验时长　　30 分钟

材料

- 几个透明的杯子
- 水
- 几种用来测试的物质，比如盐、胡椒粉、糖、面粉、沙子、咖啡、燕麦、玉米面、油、巧克力屑
- 勺子
- 量勺

步骤

1. 每个杯子里倒入等量的水。

2. 往第一个杯子里加入一勺第一种测试物，第二个杯子里加入第二种，以此类推。用勺子搅匀各溶液。

3. 观察和记录每个杯子里的情况。溶液颜色如何？哪些物质溶于水？

观察

搅拌溶液时，哪些物质在水里消失了？它们还在水里吗？你怎么确定的？

试试看

冷水换成热水，重复实验。水温会影响溶解吗？

> ## 原理
>
> 水分子是极性分子，也就是说，水分子构型不对称，就好像磁铁有正极和负极似的，分子的"正极"也会与其他极性分子的"负极"相吸。把比如盐之类的物质加入水中，水分子的"正极"就会吸引盐分子的"负极"。这就是为什么水能溶解极性物质和带电物质，比如盐，但不能溶解非极性物质，比如油。

行走的彩虹

实验难度	低
实验时长	12 小时
其他类别	艺术

 你有没有想过：大树怎样将水分从根部运送到最顶端的枝叶呢？通过这个简单易行的实验来寻找答案吧。

材料

- ➔ 6 个小玻璃罐或透明的杯子
- ➔ 水
- ➔ 三原色(红、黄、蓝)食用色素
- ➔ 纸巾
- ➔ 量杯

步骤

1. 往第一个玻璃罐里加入两杯水和 20 滴红色食用色素。另一个玻璃罐里加入两杯水和 20 滴黄色食用色素。第三个玻璃罐里加入两杯水和 20 滴蓝色食用色素。

2. 将 6 个玻璃罐围成一圈，空罐与满罐间隔摆放。

3. 取 6 张纸巾纵向叠起来，叠到能轻松塞进罐口的大小。

4. 将纸巾的一头插到水罐底部，另一头插到空罐底部。放好后，每个玻璃罐各有 2 条纸巾。

5. 接下来的 12 个小时时间里，观察会有什么变化。

越玩越聪明的科学实验

观察

空罐里如何产生出混合色？

试试看

将空罐里也各加入两杯水，排序不变围成一圈：
蓝色、无色、红色、无色、黄色、无色。看看
会发生什么？

原理

纸中也含有纤维，和树一样。水通过两
种力量移动：附着力[1]和内聚力[2]。附着
力是指水分子和纤维之间的吸引力。内
聚力是指水分子之间的吸引力。水分子
与纤维相吸，这就使得水分子可以穿过
纤维。而水分子之间相吸，这就使得它
们彼此相互拉拽。两种力量同时作用，
形成毛细现象[3]：水克服重力向上移动。

---

1 附着力：两种不同物质接触时，表面分子之间的吸引力。

2 内聚力：同种物质里两个分子之间的吸引力。

3 毛细现象：浸润液体在毛细管里液面升高的现象。

发酵的气球

实验难度　　低
实验时长　　60 分钟

 酵母你大概并不陌生，它是制作面包和比萨的关键材料。你知道酵母是怎样发酵的吗？我们来变个小魔术吧，看看怎样不用吹气就让气球鼓起来，就像酵母让面团发起来一样。

材料

- 酵母粉
- 白糖
- 约 500 毫升容量的透明窄口瓶
- 一碗温水
- 气球
- 量勺

步骤

1. 将两勺酵母、一勺糖和两勺温水倒进瓶子里混合好。

2. 将瓶子坐放在温水碗里保温。

3. 将气球口套在瓶口，每隔几分钟查看一下有何变化。

观察

酵母混合物是如何慢慢发生改变的？瓶子里有何反应？

试试看

调整酵母、糖和温水的量，看看你能把气球"发"多大。

原理

酵母是一种微小的真菌[1]，只要湿度和温度适宜，它就能把糖变成酒精和二氧化碳。在这个实验中，酵母和糖产生的二氧化碳跑到了气球里，自动给气球充气。

酵母发面的原理也是这样，只不过二氧化碳被困在面团里，所以面团才会变大变蓬松。

---

1 真菌：一种以外界现成的营养物质为生、能产生孢子的生物。

第二章

技术

准备好来探索技术的世界吧，这里充满了无形的力量！

在本章，我们将制作电路，运用磁铁，制造闪电，自制电磁铁、电话和指南针。

两大主题：电与磁。这是现代技术的基础。我们还会探索机械动力的来源，比如风、热空气、化学反应。

技术就是对科学的实际应用。它在不断地发展，变得更快、更好、更经济。本章的实验将为你打下扎实的基础，让你了解我们日常技术设备的运作原理。由此，你的现代科技之旅或已开启，并且，前所未有的发明创造也成为可能。

我们每天都和技术打交道，但是，你知道它是如何运作的吗？为什么打开开关灯就亮了？为什么按下门铃按钮，铃就响了？你知道电池是如何蓄电的吗？在本章的实验里你将找到答案，此外，还有更多发现等着你。

你需要用到一些材料，比如磁铁或一些电子设备，都是些网上或五金商店很容易买到的东西，价格也不贵。在实验之前，记得仔细看材料清单，准备好所需用品。为了方便你准备，这里列了一张清单，包括本章需用到的所有电子和五金材料。

- 5 个鳄鱼夹导线
- 5 毫米发光二极管（LED，红色和蓝色）
- 带线的 5 号干电池座
- 1 米绝缘导线
- 铜带（1 厘米宽、双面导电）
- 1 个空缝纫线轴
- 4 颗镀锌钉
- 铁钉（7~15 厘米长）
- 剥线钳
- 条形磁铁（标明 N 极和 S 极）

祝你有个激动人心的技术之旅！

神奇的勺子

实验难度　　低
实验时长　　10 分钟
其他类别　　科学

 你有把胡椒粉和盐分开的好办法吗？在这个实验里，我们来做一把神奇的勺子，它能做到"盐中取椒"。

材料

- 小碗
- 盐
- 胡椒粉
- 塑料勺
- 干抹布
- 量勺

步骤

1. 盐和胡椒粉各量一勺放进小碗混合好。

2. 将塑料勺在干抹布上摩擦大概 10 秒钟。

3. 将塑料勺放在椒盐混合物上，有什么反应？

观察

为什么胡椒粉会跳出来和盐分开呢？调整勺子与混合物之间的距离与角度，结果有何不同吗？

试试看

试试用不同的方式处理勺子。将勺子在你的头发、羊毛或你的衣服上蹭蹭，看看结果有何不同？

原理

勺子在干抹布上摩擦时，产生静电[1]。带电的勺子能吸住小东西，比如胡椒粉。你也许注意到了，勺子对胡椒粉和盐都有吸力，不过胡椒粉更轻，所以它先被吸上来，且停留时间更长。

---

1 静电：处于静止状态的电荷。

传导率

实验难度　　中
实验时长　　45 分钟

你知道哪些材料导电快吗？自己动手做个电路吧，了解电路是怎么一回事，再看看家里哪些材料能导电？

材料

- 带线的 5 号干电池座
- 两节 5 号干电池
- 3 个鳄鱼夹导线
- 5 毫米发光二极管
- 各种家常物件（金属和非金属），比如弹簧夹、回形针、手链、铅笔、钉子、螺丝、耳环、塑料玩具、硬币

步骤

1. 把电池装进电池座。

2. 插座线上各接一个鳄鱼夹。

3. 检查电路。将发光二极管与鳄鱼夹连接好，如果灯亮，说明电路畅通，如果不亮，把发光二极管与鳄鱼夹调换接头重新连接，如果还是不亮，更换电池试试。

4. 确定电路通畅后，拔下发光二极管的一个接头。

5. 将第二个鳄鱼夹与发光二极管连接，这样，电路中有两个活动的鳄鱼夹。

6. 将两个活动鳄鱼夹与家常物件连接，一次一件。每次连接之前先猜测一下：灯会亮吗？

观察

哪些物件能让灯亮？哪些不能？哪些是导体？

试试看

尝试做更多的回路。你能在回路中增加一个鳄鱼夹和一个发光二极管吗？你能在一个闭合电路[1]中将两个金属导体[2]相邻放置吗？

原理

电只有在完整的回路中才能流动，这就叫闭合电路。如果回路中断或者被阻断，电就不能流通，电路就变成开路[3]。金属（比如硬币）能形成闭合电路，因为它们能导电。而绝缘体[4]（比如塑料玩具这种不导电的物体）则会形成开路。

---

1 闭合电路：电荷可以流动的完整电路。
2 导体：易于传导电流或热量的物质，比如金属。
3 开路（断路）：指处于某种断开状态的电路。
4 绝缘体：极不容易传导电流的材料，比如塑料、木头或橡胶。

飞鸟

实验难度　低
实验时长　20 分钟
其他类别　科学

 你能利用气球让纸鸟飞起来吗？ 巧用静电，让纸鸟腾空而起吧。

材料

- 纸巾
- 马克笔
- 剪刀
- 小气球
- 羊毛布

步骤

1. 用马克笔在纸巾上画几只鸟，然后用剪刀把鸟剪下来。

2. 把鸟放在一个平面上。

3. 给气球吹气，打好结。

4. 将气球在羊毛布上或头发上摩擦 10~20 秒。

5. 将气球放在距离纸鸟几厘米的正上方，看看鸟能不能飞起来。

观察

在气球摩擦过的一面靠近纸鸟时，纸鸟有什么反应？将气球的另一面靠近纸鸟时，它们又有什么反应？

试试看

用稍重一点的纸（比如卡片纸）做鸟，看看它们能否飞起来。

原理

当气球与羊毛布摩擦时，电子会从布转移到气球上，气球因此带负电。虽然纸鸟不带电，但是它内部的电子会重新分布，带正电的区域就会与带负电的气球相吸。

早餐里的铁

实验难度　　中
实验时长　　45 分钟
其他类别　　科学

 铁是人体所需的一种重要元素。很多早餐麦片都声称自己含铁，这是真的吗？拿出你的磁铁来试试吧。

材料

- ➔ 高铁麦片
- ➔ 大号塑料密封袋
- ➔ 温水
- ➔ 磁铁（找磁力相对较强的）
- ➔ 量杯

步骤

1. 将麦片倒入密封袋，隔着袋子把麦片压碎。

2. 将温水倒入密封袋，至大约半满。将袋口封好，注意留一些空气在里面。

3. 摇晃袋子约 1 分钟，然后静置约 20 分钟，等麦片溶解。

4. 一手持磁铁，一手将麦片袋放在磁铁上，慢慢地将磁铁绕圈移动，不要离开袋子。

5. 现在，慢慢将磁铁和袋子调换位置，磁铁在上袋子在下。小心地调整袋子的位置，使得磁铁正对着袋子里空气的位置。

6. 继续将磁铁绕圈移动，以便于观察。

观察

将磁铁贴着麦片袋绕圈移动时，你有什么发现？

试试看

有没有办法将铁粉取出来，放在厨房秤上称一称呢？试试其他食物，比如婴儿米粉，还有其他的一些高铁谷物，看看你能从中提取多少铁。

原理

磁铁吸铁，所以可以用磁铁将食物中添加的铁粉吸出来。

风力小车

实验难度   低

实验时长   45 分钟

其他类别   工程、数学

 你会做风力小车吗，就是给玩具车装上帆，靠风力就能跑起来的那种？跟你的朋友比比赛，看看谁的风车跑得快吧。

材料

- 手工材料，比如纸、小木棍、雪糕棒、标签卡、塑料袋、绳子
- 剪刀
- 胶带
- 玩具车
- 电风扇或吹风机
- 卷尺

步骤

1. 用家里的手工材料做一面帆。

2. 用胶带把帆粘到玩具车上。

3. 用电风扇或吹风机来测试帆，如果没有电风扇或吹风机，就直接用嘴吹气。

4. 将风车正对吹风口。将卷尺拉出来在地上粘牢，以防被风吹走。

5. 打开电风扇或吹风机，看看风力小车能行驶多远。

观察

什么样的帆能让玩具车跑最远？你能怎样改善一下你的风力小车呢？

试试看

把硬币粘在车上以增加车重，看看对它的行驶距离有没有影响？

原理

和液体一样，气体也是由粒子组成的。粒子移动产生气流，气流推动固定在车上的帆，帆就带动车向前行驶了。

越玩越聪明的科学实验

漂浮的指南针

实验难度　　低
实验时长　　10 分钟
其他类别　　科学

你知道地球的北磁极在哪边吗？只需用磁铁和几样家常物件，就可以又快速又简单地找到哟。

材料

- 条形磁铁（标注 N 极和 S 极）
- 胶带
- 平底小塑料储物盒
- 一大碗水

步骤

1. 用胶带把磁铁粘在塑料储物盒的底部。

2. 将储物盒放在一大碗水里，塑料盒浮在水面上。

3. 等几分钟，直到水静止不动。

观察

哪边是北？转动盒子，看看磁铁指向是否改变。

试试看

把针磁化，将针在磁铁的一极摩擦 20 次，注意只往同一方向摩擦。剪一张圆纸片，平着将针穿过，就像穿刺一块布那样。针穿过一半，平行固定在纸面上，针的两头在纸上面。将纸放在一碗水里，看看针指向哪边。

原理

不管怎么转塑料盒，磁铁南极都会指向北。因为地球有磁场，磁场作用于磁铁，使它朝向南北。

喷气式快艇

实验难度　　低
实验时长　　20 分钟
其他类别　　科学、工程

 你能造一艘在水里自动行驶的船吗？
利用常见的化学反应来驱动小船，并
学习牛顿的第三运动定律吧。

 注意　这个实验可能会把周围搞得一
团糟，固定盖子的时候注意把船放在
浴缸上方。

材料

- 拉拔式瓶盖
- 量杯和量勺
- 食用色素
- 卫生纸
- 醋
- 小苏打

（如果塑料瓶比较大，也许醋和小苏打的量要
加倍。）

步骤

1. 浴缸里放水，至 15 厘米深。

2. 确保瓶盖的绷出装置是开着的。

3. 拧开瓶盖，把醋倒进瓶子。

4. 加入几滴食用色素。

5. 撕两节卫生纸，平放好。将一勺小苏打倒在
   纸上，将纸折叠成一小包。

6. 在浴缸上方，把小苏打包丢进塑料瓶里，迅
   速盖好盖子，然后把瓶子平放在水面上。

7. 观察瓶子在水里自动行驶。

观察

盖上盖子之后有什么反应？你有什么有趣的发现？

试试看

调整醋和小苏打的用量，看看能不能让船行驶得更久。

原理

牛顿第三定律指出：有作用力，就有反作用力；两者大小相等，方向相反。作用力就是从"船"后面跑出来的二氧化碳气体在向后推动。反作用力就是水以同等力量在后面向前推动"船"，因此船向前行驶。

醋和小苏打发生反应产生二氧化碳。当二氧化碳气体快速跑出来时，也会把一些水推走。

拐弯的水

实验难度 低
实验时长 10 分钟
其他类别 科学

 你能让自来水拐弯吗？注意手不能碰自来水或水龙头。利用静电来让水流转向吧，就好像用绳子把它牵走一样。

材料

- 自来水龙头
- 干燥的塑料梳子

步骤

1. 将水龙头打开一点，把水流控制在很细的程度。

2. 将梳子在头发上摩擦几次。

3. 将梳子靠近但不接触水流。

观察

梳子靠近时，水流有什么反应？

试试看

水的温度会影响它趋向梳子的幅度吗？你能用其他物品让水拐弯吗，比如带静电的气球或塑料勺子？

原理

摩擦时，电子会发生转移，这就使得梳子携带静电，静电吸引水流，就像魔法一样。空气得足够干燥，实验才能成功。如果空气潮湿，塑料梳子上聚拢的电子就会很快吸附在空气中的水分子上。所以，不要在潮湿的浴室里做这个实验。

越玩越聪明的科学实验

柠檬的威力

实验难度	中
实验时长	35 分钟
其他类别	科学

 你能靠水果发电来点亮电灯吗？试试看吧，了解电路、电流和电池是如何工作的。

 注意 请大人帮忙切柠檬。

材料

- 4 个柠檬
- 4 枚铜钱（或铜片）
- 4 颗镀锌钉子
- 5 个鳄鱼夹导线
- 5 毫米发光二极管

步骤

1. 滚压柠檬，让果汁和果肉释出。

2. 请大人帮忙用刀在每个柠檬上面划一道小口。

3. 将铜钱插在小口上，卡住。要确保硬币接触到柠檬汁。

4. 在每个柠檬上扎一颗钉子，注意钉子不要碰到铜钱。

5. 用 3 个鳄鱼夹导线将 4 个柠檬两两相连，一端连铜钱，另一端连钉子。

6. 第 4 个鳄鱼夹导线将第 4 个柠檬的铜钱和发光二极管相连。

7. 第 5 个鳄鱼夹导线将第 1 个柠檬的钉子和发光二极管相连。

8. 发光二极管应该是亮的。如果不亮，将发光二极管拔下来反向重新连接，再确定一下电路的各个部位是否接好。

观察

为什么只有电路正确连接时灯才会亮呢？为什么只有一个方向管用？

试试看

同样一套设备，可以用其他水果来发电吗？

原理

电池是由悬浮在酸性溶液中的两块不同的金属组成的。电子从一块金属转移到另一块金属，形成电流。

在柠檬电池中，两块金属分别是锌（镀锌钉）和铜（铜钱）。通过酸性果汁，电子从钉子转移到铜钱，这就产生电流，电流流经柠檬，点亮发光二极管。

磁力小车

实验难度	低
实验时长	10 分钟
其他类别	科学

 你能"隔空推车"吗？把玩具车改造成磁力小车，就可以啦！利用磁力这种神奇的隐形力，你可以让车前进、转弯、停止。

材料

- ➲ 美纹胶带
- ➲ 玩具车
- ➲ 条形磁铁
- ➲ 磁力棒或马蹄磁体

步骤

1. （经大人同意）在光滑的地板上用美纹胶带标记一条路，还可以加上停车场和其他高速路，供玩具车使用。

2. 将条形磁铁放在玩具车上面粘牢。

3. 利用磁力棒"推车"和"拉车"。看看能不能隔空让车沿着胶带路前进、后退或调头。

越玩越聪明的科学实验

观察

用磁力棒"推车"容易还是"拉车"容易？

试试看

多做几辆磁力小车，看看它们彼此靠近或将要撞上时有什么反应？

原理

磁铁周围有磁场，能吸引其他的磁铁或磁性物体。磁铁一头 S 极，一头 N 极。同极相斥（SS、NN），异极相吸（SN）。如果你发现磁铁与某物相斥，把那件物体掉个头，看看是否与磁铁相吸。在这个实验里，磁铁的磁力[1]足够强大，足以在室内驱车前行。

---

1 磁力：磁场对电流运动电荷和磁体的作用力；磁体之间相互作用力。

纸电路艺术

实验难度　　中
实验时长　　60 分钟
其他类别　　艺术

我们日常使用的很多东西都是电力驱动的。这些东西都有内置电路，就是电子可以流过的路径。你能用纸来制作富有艺术气息的电路吗？用几样简单而又酷炫的电子设备，做一张烛光摇曳的生日贺卡，或一片夜空中闪闪发亮的星座。

注意　纽扣电池一旦误吞非常危险！千万注意将卡片及其他电子设备放置在低龄儿童够不着的地方！

材料

- 卡纸
- 铜带（1 厘米宽、双面导电）
- 剪刀
- 3 伏纽扣电池
- 5 毫米发光二极管
- 透明胶带

步骤

1. 做一个简单的纸电路。把铜带在卡纸上如图摆放。

2. 在断开的角，将纽扣电池的反面（负极）与角一端相连。

3. 用一截铜带或回形针将纽扣电池的正面（正极）与角的另一端相连。

4. 将发光二极管安装在两线间隔处，确保发光二极管的两极与铜带相连。

5. 如果发光二极管亮了，说明安装正确，闭合电路完成，用透明胶带将电路固定好。

越玩越聪明的科学实验

6. 如果发光二极管不亮，将发光二极管调转 180°，发光二极管只能在一个方向管用。

7. 纸电路成功的话，发挥你的想象力，用电路和发光二极管给你的朋友做一张卡片吧。

观察

为什么需要两线间隔来安装 LED 灯呢？只留一根线的话发光二极管还会亮吗？

试试看

你能给纸电路安上开关吗？

原理

电子从电池的负极出发通过铜带流经整个回路。电路闭合时，发光二极管就亮；电路断开时，发光二极管就灭。

硬币手电筒

实验难度　中
实验时长　45 分钟
其他类别　工程

 你能用硬币来点亮电灯吗？在这个实验里，我们来用常用物件制作个手电筒。

材料

- ➲ 半杯水
- ➲ 盐
- ➲ 醋
- ➲ 剪刀
- ➲ 硬纸板
- ➲ 1982 年以后的 1 美分硬币 5 枚
- ➲ 砂纸
- ➲ 纸巾
- ➲ 5 毫米红色发光二极管
- ➲ 绝缘胶带
- ➲ 量勺

步骤

1. 制作饱和盐水：将盐一点一点地加入水中，直到不再溶解。杯底可以留有一点未溶解的盐。

2. 往盐水中加入一勺醋。

3. 用剪刀在硬纸板上剪下 4 张与硬币同样大小的硬纸片，放在盐水中。

4. 硬纸片浸润的同时，用砂纸摩擦 4 枚硬币的反面，将表面的铜彻底擦掉。最好的办法是把硬币放在桌上，用砂纸反复摩擦，直到把铜完全擦掉。擦掉后可以看到硬币闪亮的锌核。

5. 第 5 枚硬币先放着不动。

6. 将 4 张硬纸片从盐水取出，放在纸巾上晾几分钟。

7. 组装手电筒：将一枚硬币铜面朝下放在最下面。上面放一张湿纸片。上面再放一枚硬币，铜面朝下。上面再放一张湿纸片。如此往复，直到叠好 4 组铜、锌、纸片。

8. 将未打磨的硬币放在最上面。

9. 连接发光二极管，长引脚连硬币组上面，短引脚连下面。如果发光二极管不亮，检查灯的两引脚是否只是接触硬币组的顶部和底部两个平面，硬币之间是否毫无接触，纸片之间是否毫无接触，将多余的盐水吸掉，再试一次。

10. 如果发光二极管亮，用绝缘胶带将整个电池固定好。现在，你有自制手电筒啦！

观察

第一次连接时发光二极管亮了吗？为什么呢？

试试看

在这个实验中，你制作了 4 节"电池"。你能制作 5 节或 6 节"电池"来接通蓝灯吗（蓝灯比红灯需要更高电压）？如果你有电压表，测测看每节电池的电压是多少？

原理

电池是将化学能转化成电能的装置。电子从一极金属流经酸性溶液到达另一极金属，形成电流。这里的酸性溶液就是加了醋的盐水，两极就是硬币的铜面和锌面。电子从一枚硬币的铜面转移到另一枚硬币的锌面，电流就形成了，灯就被点亮了。

磁力纸偶

实验难度	低
实验时长	30 分钟
其他类别	科学

 你能利用磁力让纸偶飞起来吗？磁铁能隔着硬纸板吸附物体吗？搭建一个纸箱剧场，表演一场磁力纸偶戏吧！

材料

- ⊙ 硬纸箱
- ⊙ 剪刀
- ⊙ 细绳
- ⊙ 马克笔
- ⊙ 纸
- ⊙ 回形针
- ⊙ 胶带
- ⊙ 磁铁

步骤

1. 将硬纸箱侧放，箱口朝向自己。用剪刀剪下一截细绳，长度与箱子高度相等或比箱子高度稍长一点点。

2. 用马克笔在纸上画一个飞翔的动物或东西等，比如蝴蝶、鸟、蝙蝠、飞机或气球，然后剪下来作为纸偶。

3. 将细绳的一头固定在回形针上，并用胶带将回形针粘在纸偶背面。

4. 将纸偶放进箱子里，尽量顶到最高处。绳子放下来，押直，用胶带将绳尾粘在箱子底上。

5. 磁铁放在纸箱上面，将纸偶靠近磁铁。

6. 将磁铁来回移动，看看会发生什么。

观察

移动磁铁时，纸偶有什么反应？

试试看

用不同的磁铁来试验，看看哪些磁铁效果比较好？磁铁有强弱之分吗？

原理

回形针一般是钢材做的，里面含铁。磁铁和铁相互吸引，即便隔着硬纸板，磁力也能带动回形针。

磁钟摆

实验难度　　低
实验时长　　30 分钟
其他类别　　科学、工程

 你能制作磁钟摆吗，可以连续几分钟摆动或转动的那种？将几块磁铁放在地板上，一块磁铁悬挂在上方，看看它会向哪边摆动？

材料

- 两把椅子
- 扫帚
- 磁力棒
- 绳子
- 剪刀
- 胶带
- 家里有的其他磁铁和金属物体

步骤

1. 将两把椅子在平地放好，间隔大约 1 米。

2. 将扫帚横放在两把椅子上。

3. 将磁力棒系在绳子一头，如果没有磁力棒，用条形磁铁或马蹄形磁铁也可以。

4. 将绳子另一头系在扫帚把上，这样磁力棒离地大约 30 厘米。这个距离既不太远也不太近，适合与地面上的磁铁和金属物相互作用。用胶带将绳子在扫帚把上粘好。

5. 将其他较小磁铁和金属物体放到磁力棒下方地面上。

6. 拉一下磁力棒，让它摆动起来。

越玩越聪明的科学实验

观察

磁力棒在其他磁铁和金属物上方摆动时，有何
反应？

试试看

将地面上的其他磁铁和金属物摆放成不同形状，
再将磁力棒往不同方向摆动，看看结果有何
不同。

原理

无任何外力干扰的话，钟摆[1]可以一直摆
动，永不停止。但是，由于磁铁之间以
及磁铁和金属物之间的相互引力，钟摆
会往意想不到的方向摆动或转动。

---

1 钟摆：由支点悬挂而下的物体，可以自由摆动。

制作电磁铁

实验难度　中
实验时长　30 分钟
其他类别　科学

 电磁铁随处可见。很多电器，比如电动牙刷、门铃、电动割草机，都是利用电磁效应将电能转化成动能的。你可以制作自己的电磁铁吗？

 注意　当线与电池连接时，不要用手去碰，因为电流经过时，线会发热。另外电磁体的线要远离家里的插座。

材料

- ➔ 1 米绝缘铜线
- ➔ 7~15 厘米长的铁钉或螺丝起子
- ➔ 剥线钳
- ➔ 胶带
- ➔ 一节一号电池
- ➔ 小金属物件，比如回形针、图钉、垫片

步骤

1. 将绝缘线绕在铁钉上，注意：线圈不可重叠，两头各留 15~20 厘米余线。钉子越长，绕线越多，效果越好。

2. 用剥线钳将线的两头各去掉大约 3 厘米的塑料绝缘层。

3. 用一截长胶带将电池固定在桌面上。

4. 将铜线的一头与电池连接，用胶带固定。

5. 将铜线的另一头与电池另一端连接，也用胶带固定。

6. 现在你已经完成制作了一个电磁铁了！用它来吸引小铁器吧。如果不管用，检查一下线的两头是否与电池连接好了，以及电池是否是新的。

观察

你的电磁铁能吸起来多少颗图钉和回形针？

试试看

用两节电池替代一节电池。将两节电池内侧的正负极相连，然后将线与电池的外侧两极相连。新的电磁铁磁力是否更强？它能吸起来多少颗图钉和回形针？

原理

线与电池两极相连，形成电路，电流流经线圈，在线圈周围形成磁场，将铁钉磁化，使它像磁铁一样具有磁力。通过接通或断开电路就能"开""关"电磁铁[1]。废品场的大型电磁铁就是利用这个原理来移动废铁和垃圾车的。

---

1 电磁铁：由于通电而产生磁力的装置。

茶包热气球

实验难度　低
实验时长　10 分钟
其他类别　科学

 热气球是如何工作的？它为什么能飞起来？一起来制作茶包热气球，了解空气密度吧。

 注意　用火柴点火要注意安全，使用时要有大人在场，并确保周围没有易燃易爆物品。

材料

- 带线的纸质茶包
- 剪刀
- 马克杯（或其他容器）
- 玻璃盘（或瓷盘）
- 火柴

步骤

1. 用剪刀将茶包在带线的一侧剪开，把茶叶倒入马克杯里，可以稍后喝掉。

2. 将茶包卷成圆筒状，立放在玻璃盘里。

3. 用火柴点燃茶包的顶部。

观察

茶包有何反应？

试试看

用其他纸试试看能不能像茶包那样点火起飞。比如卡纸、打印纸、硬纸板、卷纸等。

原理

空气受热时，分子就会迅速移动散开。它的密度低于冷空气，这就使得热空气向上跑。当茶包点燃时，茶包里面和周边的空气迅速升温，热空气带动轻盈的茶包向上飞起。热气球的原理也是如此：通过加热气球里面的空气而上升。

闪电小火花

实验难度　　低
实验时长　　20 分钟

? 你知道闪电是怎么形成的吗？它是由什么组成的？在这个科学实验中，你将制作一场迷你闪电，看看真正的闪电是如何运作的。在暗室里实验效果最佳。

材料

➥ 铝箔烘焙托盘
➥ 图钉
➥ 带橡皮头的铅笔
➥ 羊毛毯
➥ 泡沫板

步骤

1. 将图钉扎进铝箔烘焙托盘，尖端要穿过盒底。

2. 将铅笔的橡皮头扎进图钉尖端，给铝盒当把手。

3. 将泡沫板使劲在羊毛毯或是你头发上摩擦大约 1 分钟。

4. 用泡沫板去触碰铝盒。

越玩越聪明的科学实验

观察

两者相碰时会发生什么?

试试看

还有其他什么金属物件可以用来实验,让泡沫板"放电"吗?

原理

泡沫板与羊毛毯摩擦起电,电子从毯子跑到板上。把铝盒凑近泡沫板时,电流从泡沫板涌向铝盒,你应该能看到电流流经空气产生的小火花。

闪电形成的过程与此相似。雷雨云里有无数凝结的雨滴,雨滴相互碰撞,摩擦生电,电越积越多,直到云底产生负电荷,地面产生正电荷。正负电荷相连接,就形成闪电。

风车挑战

实验难度　低
实验时长　40 分钟
其他类别　工程

 风车是一种通过转动利用风力做功的工具。你能制作一架能做功的风车吗?

材料

- 正方形纸片
- 打孔器(或其他可打孔的工具,如锥子)
- 剪刀
- 胶带
- 吸管
- 绳子
- 回形针
- 木扦

步骤

1. 将纸片沿对角线折叠(角对角),展开,再沿另一条对角线折叠。

2. 用打孔器对准纸片正中两条对角线的交叉处,打一个小孔。

3. 用剪刀沿对角线剪开,在离小孔约 1 厘米的地方停下。

4. 将剪开的 8 个角每隔一个折向纸的中心点,用胶带固定住。

5. 将吸管穿过中心孔,用胶带将风车固定在吸管中段。

6. 剪一截大约 60 厘米长的绳子,用胶带将绳子一头固定在吸管一端,另一头系在回形针上。

7. 将木扦插进吸管,确保木扦够长,两头从吸管探出来。

8. 握住扦子两头吹风车,如果风车不动,换个方向吹。

观察

吹风车时会有什么反应？它能把风转化成动能吗？

试试看

用不同的纸来制作风车，看看哪个最好用。用稍重的纸，比如卡纸和硬纸板，与较轻的纸，比如卫生纸和打印纸，来比较一下哪种风车最好用。

原理

物理学上，做功的两个必要因素是：作用在物体上的力和物体在力的方向上通过的距离。风力发电用的大风车通过转动发电，电带动电机，电机做功。你制作的风车拉动回形针，从而做功。

绳子电话

实验难度　　低
实验时长　　45 分钟
其他类别　　科学

 声音是如何传播的？可以通过固体传播吗？用铁罐和绳子来制作电话吧，了解声音如何传播，还能跟你的朋友在电话里说说悄悄话。

 注意　请大人帮忙把铁罐的锋利处磨平，并帮忙把钉子钉进罐底。

材料

- ◔ 2 个干净的空铁罐
- ◔ 指甲锉或砂纸
- ◔ 钉子
- ◔ 锤子
- ◔ 钓鱼线
- ◔ 剪刀
- ◔ 2 个回形针

步骤

1. 用指甲锉或砂纸将铁罐所有锋利扎手的地方磨平。

2. 将铁罐倒立，用锤子将一枚钉子砸进罐子底部中间位置，拔出钉子，将钉眼磨光滑。

3. 用剪刀剪下一截 3~18 米的钓鱼线，具体长度根据你使用电话的距离而定。

4. 将绳子的两头分别穿过罐子底部。

5. 将绳子用回形针卡住，固定在罐子里。

6. 跟你的朋友一人拿一个罐子，将绳子拉直，注意绳子不要碰到其他物品，与朋友轮流对着罐子说话。

观察

用绳子电话能听清朋友的话吗？如果绳子松了呢？

试试看

用不同的绳子制作电话，比如麻绳、纱线、风筝线、棉线，试比较哪种通话效果好。

原理

声波是一种振动，它在液体和固体中的传播速度远大于空气中。在这个实验中，声音振动铁罐，铁罐振动钓鱼线，钓鱼线又将振动传递到你朋友的铁罐，铁罐振动空气粒子，朋友的耳朵将振动的粒子解读为你的声音。

电话线工作原理与此相似，只不过它把声波转化成电子信号，这就能传播得更远了。

滑索挑战

実验难度　　低
実验时长　　40 分钟
其他类别　　工程

 滑索就是悬挂在缆线上的轮滑，缆线悬挂在山坡的上空。你能制作一条运送玩具的滑索吗？

 注意 使用胶枪时请大人帮忙。

材料

- ➔ 吸管
- ➔ 剪刀
- ➔ 空的缝纫线轴
- ➔ 胶枪和热熔胶棒
- ➔ 咖啡搅拌棒
- ➔ 绳子或钓鱼线
- ➔ 小纸杯
- ➔ 美纹胶带
- ➔ 小玩具或一些硬币

步骤

1. 用剪刀将吸管剪成 10 厘米长。

2. 将吸管插到空的缝纫线轴中间的轴孔里，用胶枪将线轴固定在吸管中段。

3. 将咖啡搅拌棒放进吸管里。

4. 在杯壁上剪两个小孔，两孔相对，距离杯沿约 3 厘米。

5. 剪一截约 40 厘米长的绳子，将绳子的一头穿过搅拌棒。

6. 将绳子的另一头穿过杯壁上的两个小孔，再将绳子两头系在一起。

7. 再剪一截 1 米多长的绳子。将绳子一边固定在离地 1 米多的位置，比如厨房操作台或桌子上。

8. 绳子另一头穿过线轴和纸杯之间，线轴在绳子的上方，再将绳子固定在地面或椅子腿上，绳子要拉直。

9. 将线轴放在绳子上端，把玩具放在纸杯里，让纸杯沿绳子滑下来。

观察

滑索的坡度会影响轮滑的速度吗？此滑索最大载重多少呢？

试试看

你能制作载重更大的滑索吗？需要用到什么材料呢？

原理

重力使小车从绳索滑下，轮滑与绳索间的摩擦力[1]则让小车减速。

---

1 摩擦力：两物体接触后在有相对运动或相对运动趋势时在接触面上产生的阻碍相对运动的作用力。

第三章

工程

准备好来设计制作不可思议的小发明吧!

在这一章,只需一些家里现成的简单工具材料,你就可以制作自动船和自动车、能真正飞起来的飞机和降落伞,还有独特的云霄飞车和迷宫。

很多材料来自可回收垃圾箱,胶枪也会大量被使用,制作激光迷宫时还要用到激光笔,文具店就可以买到,但是一定不要用激光笔照射别人的眼睛哟。

本章的实验能给你一些基本的参考,但你尽管去发挥创造吧! 如果你制作的吸管飞车(125页)跟书上的图片不一样,那你的才是正确版本。以书里的实验为基础,去发挥你的创造力吧!

不过,作为新手工程师,在开始实验之前,要记住几条基本准则。

第一,目标清晰。实验的目标是什么? 是能承受一定重量、产生某种位移,还是持续一段时间? 清晰的目标能让你在整个设计和实施的过程中都不失焦点。

第二,方案先行。在动工之前,记得画出设计草图,或是写下你的主要想法。好的开始是成功的一半。

第三,无惧调整。好的工程师随时检验并改进自己的设计。每一次检验、调整、实施都是在优化整个工程,也是在发掘更多的乐趣。

第四,正视失败。失败并不反常,它再正常不过了。如果你制作的某个东西突然塌了,没有关系! 想想哪里出错了,改进设计,再试一次。过程越艰苦,最终的胜利越甜美。

最后,享受这个创造、攻坚、试验和建造的过程吧!

气球大炮

实验难度　　低
实验时长　　30 分钟

 你能用气球将 1.5 米外的一叠纸杯撞倒吗？这可能比你想象的要困难哟。

材料

- 纸杯（或塑料杯）
- 气球
- 夹子
- 胶带
- 吸管、羽毛、硬纸筒、卡纸等

步骤

1. 将纸杯叠放成金字塔式。
2. 给气球充好气，在距离纸杯 1.5 米处，对着纸杯放开气球。气球能撞倒纸杯吗？
3. 再次给气球充气，用夹子夹住气球嘴，把气锁住。
4. 用胶带和其他材料给气球加上"翅膀"、"鳍"或"鼻子"，松开夹子，看看这回是不是飞得直一点。

5. 继续实验，看看你能不能做一个气球炮弹，直线发射。

观察

加上翅膀、鳍或鼻子能改变气球的飞行轨迹[1]吗？它会飞得更直吗？它飞行的轨迹取决于发射的位置还是发射的方式呢？

试试看

如果你可以用气球射倒 1.5 米外的纸杯，就再试试 3 米。

原理

放气的气球会转着圈乱窜，这是因为里面的空气是斜着跑出来的，而气球嘴是有弹性的，会跟着气流晃动，造成气球转圈。为了让气球直线行进，就得保证气流不偏不倚地从气球嘴的正中间跑出来。

---

1 轨迹: 物体经过的路径，这里的飞行轨迹是在空中经过的路径。

气球车

实验难度	中
实验时长	45 分钟
其他类别	技术、数学

 你能做一辆仅靠气球就能前进的车吗？发挥你的聪明才智来设计、制作一辆独一无二的气球车吧，还能顺便学习牛顿第三运动定律。

 注意 请大人帮忙在盖子上戳洞。使用胶枪时也请大人帮忙。

材料

- 硬纸板
- 尺子
- 剪刀
- 吸管
- 胶带
- 小气球
- 塑料盖子（从矿泉水瓶上拧下来的）
- 木扦
- 胶枪和热熔胶棒

步骤

1. 用剪刀和尺子剪一张 8 厘米宽、16 厘米长的长方形纸板，作为汽车车身。

2. 将两根吸管截至 8 厘米长，用胶带将它们平行于长方形纸板的短边固定牢，作为车轴套。

3. 将气球嘴套在另一根吸管上，用胶带固定好，确保球嘴不会漏气，用胶带将吸管沿长边方向固定在车上面。

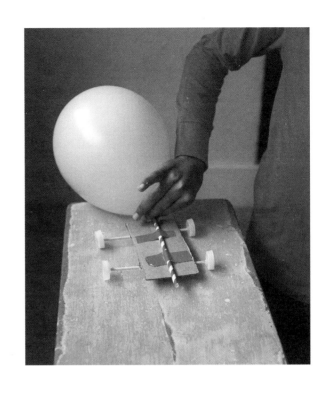

4. 将两根木扦插进平行的吸管里，作为车轴。

5. 分别将两根木扦的两头戳进塑料盖的中心位置，盖子作为车轮。确保车轮和车轴连接稳固，需要的话可以用胶枪固定。

6. 通过吸管给气球吹气，捏住吸管与气球嘴的接头处，将车子放在平面上，松开管子！

观察

车子能走多远？是直线前进的吗？你需要做哪些调整呢？

试试看

用不同的材料来做气球车吧，看看能走多远。放飞你的想象！比如：

车身：硬纸筒、塑料水杯、塑料瓶、一块泡沫；

车轴：铅笔、棍子、（其他材质的）扦子；

车轮：光盘、空胶带轴、乐高轮子。

原理

这个实验很好地体现了牛顿第三运动定律：有作用力，就必有反作用力，两者大小相等，方向相反。作用力是空气从气球跑出来推动车后面的空气，反作用力是车后的空气以同等力量推气球，带动车向前移动。

雪糕棒桥

实验难度　　低
实验时长　　45 分钟

? 你能用雪糕棒、晾衣夹、装订夹之类的材料制作一架能承重的桥吗？尝试不同的设计、材料和形状，看看如何造一架结实的桥。

材料

- 铅笔和纸
- 加大号雪糕棒
- 长尾夹
- 晾衣夹
- 两把椅子
- 几本书

步骤

1. 用铅笔和纸把你想造的桥画下来。

2. 用长尾夹和晾衣夹将雪糕棒固定，做一架独立的桥，横跨两把椅子。

3. 桥架好后，往桥上面放书，一次一本，看看放到第几本时桥会垮下来。

观察

桥最多载重几本书？与你预期相符吗？桥的形状和搭建方法对承重有影响吗？

试试看

用这些材料搭建更多建筑。比如：搭一座塔，看看能搭多高？用书测测它的承重能力。

原理

或许你已经注意到了，现实生活中的桥常常采用三角结构，这是因为三角形结构最稳定，承重能力强。此外，与承重相同的其他形状相比，三角形更节省材料，因而更经济实惠。

激光迷宫

实验难度　　低
实验时长　　30 分钟
其他类别　　技术、数学

 你能用镜子来"驾驭"激光吗？利用镜子和反射原理来制作有趣的激光迷宫吧。

 注意　不要直视激光，也不要将激光（及其反射光）正对别人的眼睛。

材料

- 纸
- 马克笔
- 胶带
- 3 个小镜子
- 6 个长尾夹
- 激光笔
- 书
- 量角器

步骤

1. 用马克笔在纸上画一个小记号，作为终点，用胶带将纸粘在墙上。

2. 在每个镜子上夹两个长尾夹当作镜腿，这样镜子可以自己立起来，也便于调整方向。

3. 将激光笔放在书上，光打向一面镜子，变化镜子的角度，看看光反射到哪里。

4. 利用其余两个镜子，让激光多次反射，像走迷宫那样，最终打在纸上的终点。

5. 走完这趟迷宫后，调整起点和镜子，再走新的迷宫。

观察

镜子与激光光束的夹角多少？用量角器量出来，再看看你能不能预测反射光在哪儿。

试试看

你能用 4 个镜子走迷宫吗？

原理

激光笔发射的激光功率低、光束窄。它射向镜子的角度，决定了它会被反射[1]到哪里去。

---

1 反射：光或声波遇分界面时返回的现象。

吸管云霄飞车

实验难度　中

实验时长　60 分钟

你能用吸管和乒乓球做一架云霄飞车吗？你能让乒乓球连续"飞"10 秒钟吗？找一些家常材料和工具，来让乒乓球"过把瘾"吧。

注意　请大人帮忙用胶枪。

材料

- 纸和笔
- 硬纸箱
- 吸管
- 胶枪和热熔胶棒（也可以使用 502 胶）
- 乒乓球

步骤

1. 用纸和笔把你想做的云霄飞车画下来。
2. 将硬纸箱作为基座，用胶枪将吸管固定在纸箱里，注意吸管要平行成对，作为乒乓球的轨道。
3. 使用胶枪之前，用球测试好轨道的坡度和宽度，这样球才不会轻易掉下来。
4. 用乒乓球试"飞"几次，看看是否需要做出调整。

观察

与原计划相比，云霄飞车在制作时有哪些地方需经过调整，才能顺利运行呢？

试试看

你能用吸管做一架更大的云霄飞车吗？你能加固它，让高尔夫球也可以乘坐吗？

原理

重力使球沿轨道下滑，但球滑行的速度取决于轨道的坡度以及球与轨道之间的摩擦力。

滚珠大暴走

实验难度　低
实验时长　60 分钟

你能用硬纸箱和雪糕棒制作一个滚珠架构吗？你能让滚珠持续滚动 10 秒钟吗？这是一个很酷的游戏，也是一个有关重力的实验。

注意　请大人帮忙使用胶枪。

材料

- ➲ 纸和笔
- ➲ 大号硬纸箱
- ➲ 加大号雪糕棒
- ➲ 剪刀
- ➲ 胶枪和热熔胶棒
- ➲ 毛根
- ➲ 小绒球
- ➲ 纸杯
- ➲ 滚珠

步骤

1. 用笔和纸把你想制作的滚珠架构画下来。

2. 将硬纸箱拆成一张平板。

3. 用剪刀将雪糕棒修齐，然后用胶枪将雪糕棒固定在纸板上，平面朝下，作为轨道。

4. 用毛根、绒球等手工材料来制作障碍和陷阱。

5. 将纸杯固定在轨道尽头，用来接滚珠。

6. 将滚珠架构斜靠在沙发或桌子上，拿几颗滚珠来调试。

观察

滚珠是均匀地散落在杯底的吗？为什么呢？

试试看

用其他球试试，看看它们与滚珠有何异同。比如用绒球、弹力球、乒乓球。

原理

滚球受重力作用下落，但是受障碍物的影响，滚珠的运动速度和方向会时常发生变化。

鸡蛋保护

实验难度　　中
实验时长　　60 分钟

你能制作一种容器作为鸡蛋保护盒，装上鸡蛋从高处落下而使鸡蛋完好无损吗？打开可回收垃圾箱和手工材料箱，看看如何设计制作这种特别的容器吧。有无数可能的方案，释放你独一无二的创造力吧！

注意　接触生鸡蛋后要用肥皂洗手。从高处向下扔鸡蛋保护盒时候要注意旁边不要有人经过。使用胶枪时要有大人帮忙。

材料

- 铅笔和纸
- 各式各样的家常手工材料
  （比如雪糕棒、塑料盒、松紧带、吸管、胶带、剪刀、胶枪、塑料袋、海绵、气泡膜、报纸、硬纸筒、绳子、气球）

- 鸡蛋

步骤

1. 先花点时间构思一下，然后把你想做的鸡蛋保护盒画下来。要考虑到家里现有的（以及允许使用的）材料、鸡蛋落下的高度，并运用你的科学知识。

2. 用你选好的材料来制作鸡蛋保护盒，盒子要能轻松放下一颗鸡蛋。

3. 制作完成后，将鸡蛋放置盒中，举起盒子，让盒子自由下落。

观察

鸡蛋裂了吗？可以如何改进设计？

试试看

如果鸡蛋没有裂开，试试更高的地方。还可以试试将盒子先向上抛起来，而不仅仅是让它自由下落，看看鸡蛋裂了吗？

原理

重力使鸡蛋下落，但如果做好防震，或者想办法减缓下落速度，鸡蛋落地时可完好无损。

悬浮的乒乓球

实验难度　　低
实验时长　　15 分钟
其他类别　　科学

 你能制作一只悬浮的乒乓球吗，像被施了魔法一样？用几样简单的材料来变个超酷的科学戏法，并了解气压是怎么回事吧。

材料

- 锥形纸杯（或用硬纸筒）
- 剪刀
- 弯曲式吸管
- 胶带
- 乒乓球

步骤

1. 用剪刀将锥形纸杯的"锥尖"剪掉。

2. 从杯底将弯曲式吸管插入，吸管短头朝上。

3. 用胶带将吸管和纸杯固定，吸管 90° 弯折，即吸管平握时，纸杯垂直朝上。

4. 将乒乓球放入"锥洞"，往吸管长端里吹气，看看有何反应。

观察

往吸管里吹气时，乒乓球有何反应？要使多大劲，球才能悬浮起来？

试试看

换一根更长或更粗的管子试试会如何？

原理

流体速度加快时，压强减小，这就是伯努利原理。流动的空气也是流体。吹气使得乒乓球周围的空气快速流动，气压降低。重力向下，吹气向上，当两者平衡时，乒乓球悬浮。

明轮轮船

实验难度　　低

实验时长　　30 分钟

 你能做一只可以在水上自动航行的明轮轮船吗？从可回收垃圾箱里搜罗材料，看看真正的蒸汽船如何工作吧。

材料

- 浅口塑料收纳盒（或一次性塑料瓶，平放）
- 2 支铅笔
- 强力胶布
- 橡皮筋
- 塑料牛奶罐
- 剪刀
- 一盆水或一浴缸水

步骤

1. 用强力胶布将铅笔分别粘在塑料盒两边。3/4 长度粘在盒身、留出 1/4 长度在外面。

2. 用橡皮筋将两根铅笔的末端缠住。

3. 做船：用剪刀将牛奶罐剪成 4 个同等大小的长方形，各长方形分别对折后，将 4 条对折线背对背重合，形成十字状。

4. 用强力胶布将十字固定，作为船桨。

5. 将一片船桨插到橡皮圈里。

6. 用手转动船桨，将船放进水盆或浴缸，然后让船走起来！

观察

船往什么方向走？它是直线还是曲线前进呢？怎样可以让船走得更好？

试试看

调整船桨与船身的距离，看看对行船是否有影响。船桨旋转的方向又是否对它有影响呢？

原理

转动船桨，皮筋就会随着缠绕，积蓄能量。在水里，皮筋缠绕的能量转化成船的动能：皮筋松开，带动船桨，船桨推水，水推船前行。

排箫

实验难度　　低
实验时长　　20 分钟
其他类别　　艺术、数学

 你能用吸管和胶带制作乐器吗？来了解音高[1]的秘密吧，看看如何只通过吹气就发出声音。

材料

- ➡ 剪刀
- ➡ 吸管
- ➡ 胶带
- ➡ 尺子

步骤

1. 将 7~10 根吸管并排放在光滑的平面上。以前一根为准，用剪刀和尺子将吸管依次剪短 1.5 厘米。比如：第二根剪去 1.5 厘米、第三根剪去 3 厘米、第四根剪去 4.5 厘米、以此类推。（你也可以尝试其他根数及吸管长度。）

2. 将一截长胶带放在光滑的平面上，黏面朝上。

3. 将吸管从长到短在胶带上依次排列。注意吸管要顶端对齐。

4. 将胶带绕吸管一周粘好。

5. 拿起排箫，朝对齐的吸管端吹气。

观察

哪根吸管音高最高？哪根最低？音高的高低与吸管的长短有关吗？

试试看

用你的排箫吹奏一首简单的歌吧，比如《小星星》。需要加吸管吗？

原理

吹气使得管内的空气柱产生振动，声音因此发出。喇叭和竖笛的发声原理与此相同。

---

1 音高：声音的高低。

纸杯飞行员

实验难度　　低
实验时长　　20 分钟

 你能用纸杯制作"飞行员",让它在空中飞行 5 秒钟以上吗?

材料

- ➔ 电吹风机
- ➔ 书、盒子或凳子
- ➔ 纸杯
- ➔ 剪刀
- ➔ 胶带
- ➔ 手工材料(比如羽毛、毛根、绒球)

步骤

1. 将电吹风机的吹风口朝上放置。如果需要的话可以把它放在两摞书、两个纸箱,或两把凳子中间固定,吹风口朝上。

2. 将手工材料粘到纸杯上,不粘也可以。

3. 打开电吹风机,将纸杯放入气流中。

4. 计时看看纸杯能在气流中飘浮多久。调整设计,再做一些"飞行员",看看哪种设计最好。

越玩越聪明的科学实验

观察

哪种设计能让纸杯悬浮最久？那些悬浮时间长的设计有何共同点？

试试看

挑出飞得最好的一只，给它增重。往杯子上粘几枚硬币，看看它是否会受影响。需要做出哪些调整？

原理

垂直向上的气流能托举起纸杯，好的设计能让气流作用在杯子上的时间更长，从而飞得更久。

降落伞

实验难度	低
实验时长	30 分钟
其他类别	数学

 你能设计出能运送东西的降落伞吗？找几样材料来制作吧，看看空气阻力与重力是如何共同起作用的。

材料

- 塑料杯或小纸杯
- 打孔器（或锥子等能打孔的工具）
- 绳子
- 剪刀
- 塑料袋
- 秒表
- 小玩具，比如弹跳球、硬币等

步骤

1. 用打孔器在杯子边缘打 4 个孔，孔间等距。

2. 用剪刀剪 4 段绳子，各约 35 厘米。

3. 将塑料袋剪成边长 35 厘米的正方形。

4. 将绳子一头系在正方形的角上，另一头系在杯子孔上，需要确保 4 根绳子长短一样，以免降落伞歪斜。

5. 站在高处，比如阳台，释放降落伞。

6. 用秒表记录降落伞落地的时间。

7. 如果飞行顺利，往杯子里装些小玩具，同等高度再飞一次，看看落地时间有无不同。

观察

空的降落伞落地时间多长？装载玩具的降落伞呢？伞重与落地实验时长有关系吗？

试试看

调整绳子的长度和伞的大小，看看有何不同。你能设计出更能承重或落地更慢的降落伞吗？

原理

空气在伞下，会产生向上的托举力。正是这种力让树叶缓缓落地，也让纸片随风飘起。

纸飞机挑战

实验难度　　低
实验时长　　30 分钟
其他类别　　数学

 你能做一架可以载重飞行 3 米远的飞机吗？动手来做这个集趣味与知识于一身的创新实验吧！

材料

- 美术纸（或结实一些的纸张）
- 卷尺
- 胶带
- 硬币

步骤

1. 用美术纸折一只纸飞机。如果不会折，上网查一下。

2. 确定起飞线，用卷尺测量距离起飞线 3 米的位置。

3. 抛纸飞机，看它能不能飞远。再折些飞机，每只都做些调整，看看如何能飞得更远。

4. 将硬币粘在飞机上，用卷尺测量飞行距离。列表格做记录。

观察

要飞 3 米以上的飞行距离，飞机最多能载几枚硬币？

试试看

调整设计，看看能不能让载重飞机飞得更远或路线更直。

原理

与大型喷气机的工作原理类似，纸飞机的飞行基于几个不同因素。首先要有驱动力[1]，飞机才能前行。实验中驱动力来自你的手。其次要有托举力，飞机才能在空中不掉落。托举力来自机翼上下的压强差，下面的要大于上面的，所以庞大的飞机才能在空中飞行。

---

1 驱动力：使物体在空中移动的力。

绒球滚滚乐

实验难度	低
实验时长	30 分钟
其他类别	数学

你能做一套绒球滚滚乐，让绒球连续滚动 10 秒钟以上吗？利用重力在墙上做一个好玩的管道滑梯吧，借此来了解动力和摩擦力。

材料

- ➔ 笔和纸
- ➔ 几个硬纸筒
- ➔ 不伤墙面的胶带
- ➔ 剪刀
- ➔ 绒球
- ➔ 秒表

步骤

1. 用纸和笔把绒球轨道的设计图画下来。

2. 把纸筒粘到墙上，必要时用剪刀裁剪纸筒。

3. 把绒球放进轨道，用秒表记录绒球滚落的时间。

越玩越聪明的科学实验

观察

绒球滚落时长多少？怎样能让它滚得更快或更慢？

试试看

用稍重的球试试，比如弹力球或玻璃球，看看它们滚落的时长是多少，与绒球有无差别？

原理

重力使万物向下，但绒球滚落的速度也受到纸筒放置的角度影响，角度越陡，滚落动力越大，滚动速度越快。

滑轮系统

实验难度	低
实验时长	30 分钟

 你能做一套滑轮系统吊起重物吗？看看这个简单的装置是如何让重物升降的，并测试它最大承重是多少。

材料

- ➔ 硬纸筒
- ➔ 剪刀
- ➔ 长铅笔
- ➔ 空的丝带卷轴
- ➔ 胶带
- ➔ 小纸杯
- ➔ 线
- ➔ 小东西(比如麦片、塑料玩具、回形针)

步骤

1. 用剪刀在硬纸筒上戳一个足以穿过铅笔的洞，在相对位置再戳一个洞。另一个硬纸筒也这样操作。

2. 将铅笔插入空丝带卷轴。

3. 将铅笔的一头插到一个硬纸筒的两个孔里，另一头插到另一个纸筒的孔里。两头各留出大约 3 厘米。

4. 用胶带将两个纸筒直立粘好，铅笔在上。

5. 用剪刀在杯沿下方戳两个正对的孔。

6. 将线穿过小孔、打好结，作为提手。

7. 再剪一截约 9 厘米长的线，一头系在杯子提手上，一头挂在丝带卷轴上。

8. 往杯子里装些小东西，拉线，将杯子吊起。

观察

你的滑轮最大载重是多少呢？有没有办法做出调整让它更坚固呢？

试试看

你能往系统里添加滑轮吗？那会影响系统的载重吗？

原理

滑轮就是利用有槽的轮子和绳子来升降和移动物体的一种简单装置。滑轮可以改变拉力方向，便于移动重物。有了滑轮，你只需向下拉绳子，就可以将重物举起来。

零食建筑

实验难度 低
实验时长 20 分钟

谁说食物不可以玩？在这个实验里，我们要用零食来盖楼房！释放你的想象，看看你能盖多高的葡萄宝塔、多坚固的芝士小屋、多精巧的苹果大厦！

材料

- 笔和纸
- 牙签
- 便于手拿的小零食，比如葡萄、苹果片、芝士块儿、浆果、棉花糖
- 盘子

步骤

1. 用纸笔将零食建筑的设计图画下来，做出盖楼计划，仔细思考这些问题：用什么做地基呢？哪些食物在下，哪些在上？

2. 用牙签将食物连起来，制作墙、天花板和装饰。

3. 在盘子上将材料整合成型。

观察

最终成品与开始的构思有哪些不同？为什么呢？

试试看

往楼房上添加材料，使它更高、更大或更结实。

原理

或许你已经发现了，牙签形成三角形结构时会让楼房更坚固，因为三角形是交叉支撑结构，在各方向都能受力。

结实的形状

实验难度   低
实验时长   20 分钟
其他类别   数学

 一张纸能有多结实？看看它能承重几本书吧。将纸叠成不同形状，看看哪种形状最结实。

材料

- ➔ 打印纸
- ➔ 胶带
- ➔ 书

步骤

1. 把纸卷起来，两边粘上，做成一个圆柱形。

2. 把第二张纸沿长边叠成三份，两边粘上，做成一个三棱柱。

3. 把第三张纸沿长边对折，再对折，形成三条折线，将纸立起来，形成一个底面是矩形的四棱柱，两边粘上。

4. 将同一摞书按照相同的顺序依次测试各形状。列表记录，看看每种形状最多能放几本书。

观察

哪种形状最结实？为什么呢？

试试看

形状的高度有关系吗？用较小的纸张叠成这些形状，看看承重会不会受影响。

原理

书的重量分布在形状的各边。因为圆形没有角，所以重量会均匀地分布在整个圆周。通常，这意味着圆柱体的载重最大，不过也许你实验的结果有所不同，这取决于你的形状制作得是否标准。

吸管飞机

实验难度　　低
实验时长　　15 分钟
其他类别　　数学

 你能用两张长方形的纸和一根吸管制作飞机吗？看看你的飞机能飞多远，有没有方法改进你的设计？

材料

- ➔ 卡纸
- ➔ 尺子
- ➔ 剪刀
- ➔ 胶带
- ➔ 吸管

步骤

1. 用剪刀剪下两条卡纸，一条宽 3 厘米长 30 厘米，一条宽 3 厘米长 15 厘米。

2. 分别将两张纸各自的短边粘在一起、形成圆筒。

3. 将两个圆筒粘到吸管上。

4. 抛飞机，看看能飞多远。

观察

大圆筒在前还是小圆筒在前会影响飞行吗？

试试看

调整设计，看看它最远的航程是多少。比如调整圆筒的位置、吸管的长短、圆筒的大小，也可以试试再加一个圆筒上去。你能给它加点重量飞行吗，比如夹个回形针？

原理

空气流经吸管和圆筒，吸管飞机就飞起来了，这与普通纸飞机飞行的原理相似，即机翼上下的压强差形成托举力。

陀螺

实验难度	低
实验时长	30 分钟

 陀螺是人类最早发明的玩具之一，有几千年的历史了。你能设计制作自己的陀螺吗？用家常的材料做几个不同的模型吧，调整大小、轴心和陀身，看看哪个转得最久。你只需要制作轴心和陀身，大胆尝试各种材料吧！

注意 请大人帮忙使用胶枪。

材料

- 牙签或木扦、蜡笔或马克笔（作为轴心）
- 酸奶杯盖、牛奶罐盖、圆形硬纸板、金属垫片或光盘（作为陀身）
- 胶枪和热熔胶棒

步骤

1. 选择制作陀螺的材料，你需要制作轴心和陀身，陀身是圆形的，中间有小孔可以插轴心。

2. 将轴心插入陀身，再用胶枪固定。

3. 将陀螺放在光滑的平面上旋转。

观察

陀身的轻重是否会影响陀螺旋转的时长？陀身与轴心的相对位置（偏上或偏下）是否有影响？

试试看

一个轴心两个陀身，陀螺会转得更好还是更差？两个陀身大小相同或不同对陀螺的旋转是否有影响？

原理

由于转动惯量，陀螺能保持平衡而快速旋转。一开始陀螺直立旋转，但摩擦力使得陀螺的角动量[1]减小，所以陀螺最后会倒。

---

1 角动量：描述物体转动状态的物理量。

吸管筏

实验难度　　低
实验时长　　30 分钟

 你能用吸管制作可以载重的"筏子"吗？用一些简单的材料来制作真正可以浮起来的小船吧，看看哪只小船能载动最多的硬币。

 注意　请大人帮忙使用胶枪。

材料

- ➔ 笔和纸
- ➔ 吸管
- ➔ 胶枪和热熔胶棒
- ➔ 剪刀
- ➔ 一大盆水（或放满水的浴缸）
- ➔ 硬币

步骤

1. 先把吸管筏的设计图画下来，大概只需要花一分钟的时间。

2. 用剪刀、胶枪和 5 根吸管来制作能在水里浮起来的筏子。

3. 试试看筏子下沉之前最多能放几枚硬币。

4. 调整设计，再做几只筏子，看看承重有何区别。

观察

你的设计有无需要调整之处？为什么？最大承重是几枚硬币？

试试看

同等承重的话，可以用 4 根，甚至 3 根吸管制作筏子吗？

原理

吸管比水密度小，所以吸管会浮在水面，但是随着硬币的增加，最终重力大于浮力[1]，筏子就会下沉。

---

1 浮力：物体在流体中受到的向上的托力。

第四章

艺术

拿出你的画笔，准备好在科学世界里创造奇妙的艺术作品吧！

在这一章，你将会"看见"声波、用糖果"画"彩虹、用钟摆"描"形状；还能制作涂色机器人！

艺术可不仅仅是纸上画画，艺术是用想象力去设计、建造和创造独一无二的事物，是通过大胆地使用媒介，用前所未有的方式来表达自己。

科学和艺术紧密相连。科学家和艺术家都具有狂野的想象，帮助他们创造性地解决问题，他们都是通过反复试验和试错来不断拓展已知的边界，并打破那些所谓的"不可能"。

在这一章，你将利用科学原理进行艺术创作。

创作始于发问：把这些颜色混合起来会如何？怎样能做出不同的图案？用什么材料能将设计变成现实？

接下来，形成假设："我认为……因为……"。这有助于你产生新的灵感，提出新的问题，发现新的知识。

下面就是最有趣的部分了：实验。看看你能创造出什么，找出局限所在，利用知识和创新去突破它们。尝试不同的颜色、声音、光线，利用本书做出独属于你的科学艺术创造。

实验完成后，就该做出结论了。记住你在整个实验过程中观察和学习到的东西。

尽情享受实验和创造的过程吧！用明艳的色彩、独特的图案、新颖的材料和不同寻常的画布来创造独属于你的作品！

泡泡画

实验难度　低
实验时长　10 分钟

 泡泡能作画吗？当然可以！尽情地吹泡泡吧！去了解泡泡是什么做成的，并创作色彩斑斓的有趣图案吧！

 注意　用泡泡作画很好玩，但也容易把周围弄脏。挑一件你不怕弄脏的衣服穿着哟。

材料

- ➔ 小杯子
- ➔ 2 汤匙颜料
- ➔ 1 汤匙水
- ➔ 2 汤匙皂液（或洗洁精）
- ➔ 盘子
- ➔ 吸管
- ➔ 白纸
- ➔ 量勺

步骤

1. 将颜料、水和皂液放在杯子里混合。
2. 将杯子放在盘子上，以防泡泡溢出弄脏桌面。
3. 将吸管插到杯子里吹泡泡，注意别倒吸。
4. 不停地吹泡泡，直到泡泡溢满整个杯子。
5. 拿出吸管，小心地将一张白纸放在杯里的泡泡上，让泡泡印在纸上。

观察

纸上有什么图案？

试试看

用不同型号的吸管吹泡泡，粗管和细管最后形成的图案有差别吗？

原理

泡膜本身是透明无色的，但是泡泡爆开时，里面的水和颜料就转移到了纸上，这就形成了多种颜色和图案的泡泡画。

糖果彩虹

实验难度 低
实验时长 10 分钟
其他类别 科学

你能用糖果和水来作画吗？试试在不同的水温下混色，再用甜甜的糖果犒劳自己吧！

材料

- 彩虹糖
- 白盘子
- 热水

步骤

1. 盘子里放几颗彩虹糖，可以放一个特定的图案，也可以随意放。

2. 将热水小心地倒入盘子中央，只要能没过糖的底部就可以。

3. 静待你的画作在盘子里呈现，几分钟就好。

4. 观察这幅画，然后再作一幅。尝试不同的水温，看看温度有何影响。

观察

热水加入后，彩虹糖有何变化？有什么图案形成了？有什么新的颜色产生了？

试试看

用其他糖果试试，看看它们在热水中的反应与彩虹糖有何不同。

原理

彩虹糖表面彩色的糖衣能溶于水。糖衣的颜色随着热水的流动也在流动，形成色彩斑斓的图案和彩虹。注意看各种颜色是如何混合产生新颜色的。

越玩越聪明的科学实验

起泡的钟摆

实验难度	低
实验时长	60 分钟
其他类别	科学、工程

 你能制作钟摆，并用它创作纹理艺术吗？加入一个起泡反应，就可以实现这个好玩的创作！

 注意 实验虽好玩，但是会把周围弄得乱糟糟！你可以在室外操作，这样方便清理。

材料

- 纸杯（或塑料杯）
- 打孔器
- 图钉
- 绳子
- 剪刀
- 2 把椅子
- 扫帚
- 小苏打
- 胶带
- 醋
- 食用色素

步骤

1. 用打孔器在杯沿下方约 2 厘米处打 3 个孔，3 个孔间距离相等。

2. 用图钉在杯底中心扎个小洞。

3. 用剪刀剪下 3 截各约 20 厘米长的绳子，分别穿进 3 个孔里，3 个绳尾拢到中间打结。

4. 出门找一个安全的空地，将两把椅子背对背放好，间距约 1 米。

5. 将扫帚插到两个椅背上。

6. 再剪一截绳子，一头系在扫帚中间位置，一头系在杯绳上。杯子悬挂在距离地面约 30 厘米的位置。

7. 将几杯小苏打撒在杯子的正下方及其周围。

8. 先取一截胶带粘在杯子外侧底部的小洞处（或用其他方式将小洞堵住）。

9. 向杯子里倒半杯醋，并滴入食用色素。

10. 将杯子拉到一边，揭下胶带，放手让杯子在小苏打上方自由摆动。

11. 若杯子停止摆动，再次让它自由摆动形成新的图案。持续向杯子中添加醋和食用色素，直到作品完成。

观察

杯子在小苏打上方自由摆动时有什么反应？小苏打和醋之间有什么反应？

试试看

往彩色醋里加一丁点皂液，小苏打和醋之间的反应会受影响吗？

原理

如果没有摩擦力，钟摆会不停歇地以同等幅度摆动。不过，绳子和扫帚之间摩擦力较大，所以杯子很快就会停摆。渐渐停下来时，摆幅随之减小，形成美丽的图案。

混色冰

实验难度	低
实验时长	6 小时

 你能用两种颜色混合出新色吗？来创造新鲜的颜色和图案，了解结冰、融化、混色是怎么一回事吧。

材料

- ➡ 冰格
- ➡ 水
- ➡ 食用色素
- ➡ 白色盘子
- ➡ 勺子

步骤

1. 冰格装满水，向每个冰格里滴入约 5 滴食用色素，以制作彩色冰块。三原色（红、黄、蓝）每种都做几块。

2. 将冰格放入冰箱冷冻几个小时。

3. 取出做好的彩色冰块。

4. 每个盘子里放入两种不同颜色的冰块。

5. 用勺子将彩色冰块在盘子里推出不同形状，尽情创作吧！

观察

不同颜色的冰块融化时发生了什么？

试试看

两种原色混合之后会产生什么新色？三种原色混合呢？两种间色混合之后会产生什么新的颜色呢？

原理

冰块融化成彩色的水，不同颜色的水混合就会产生新的颜色。

跳舞的纸

实验难度　　低
实验时长　　15 分钟
其他类别　　科学、技术

 你能"看见"声波吗？你可能会说"当然不能啊"！不过在这个艺术科学实验里，你将"看见"声波是如何在空中穿行的！

材料

- 玻璃碗
- 保鲜膜
- 胶带或橡皮筋
- 薄纸巾
- 你能找到的任何一种扬声器，比如电视机扬声器、电脑扬声器、无线扬声器

步骤

1. 将保鲜膜紧扣在玻璃碗上，用胶带或橡皮筋固定。

2. 撕几张小纸巾揉成团，放在保鲜膜上。

3. 将碗放在扬声器旁边，注意要放置在硬的平面上。扬声器越大，效果越好。

4. 打开扬声器播放音乐，音量由低慢慢调高。

观察

音量增大时，纸巾有什么反应？哪种音乐风格的实验效果最佳？

试试看

把一碗水置于扬声器旁，选一些低音节奏强的歌曲播放，调大音量，看看水有什么反应？

原理

声音是空气中粒子振动所产生的能量，声音在空中以波的形式传播，声音越大，声波振幅也越大。当音量大到一定程度时，保鲜膜会随之振动，这就是为什么你能看见纸巾团在保鲜膜上跳舞。

神奇的牛奶

实验难度	低
实验时长	20 分钟
其他类别	科学

你能将一盘牛奶变成优美的画作吗？只需几滴食用色素，加上一点科学的魔法，就能画出美丽的漩涡和烟花图案！

材料

- 盘子
- 牛奶
- 食用色素
- 洗洁精

步骤

1. 往盘子里倒入浅浅一层牛奶。

2. 牛奶里加入几滴食用色素。

3. 小心地往牛奶里滴入一滴洗洁精。

观察

盘子里会形成什么图案？颜色是如何在牛奶中移动的？

试试看

牛奶的种类对图案有影响吗？全脂奶会不会比脱脂奶效果更好？浓奶油或豆奶呢？

原理

液体表面的分子连接紧密，这叫作表面张力。洗洁精滴入牛奶时破坏了牛奶的表面张力，表面的分子因此散开了，色素也跟着分子一起散开，所以看起来就像烟花绽放一样。

另一个叠加的魔法在于分子间的反应。无数洗洁精分子与脂肪蛋白分子相结合，牛奶受此搅动，色素也随之翻滚，形成奇妙的图案和线条。

马克笔层析法

实验难度　低
实验时长　20 分钟
其他类别　科学

 黑色是由几种颜料混合而成的呢？在这个艺术科学实验里，我们将用层析法[1]分解马克笔墨水的颜色。层析法不仅是生物和化学实验室里的常用法，也是艺术创作的好方法哟！

材料

- 咖啡滤纸
- 可水洗马克笔
- 雪糕棒
- 装订夹
- 约 500 毫升容量的罐子，罐底装十几厘米深的水
- 厚纸巾

步骤

1. 用马克笔在咖啡滤纸上随便画一个图案，可以是圆形也可以是不对称图形，任何你想到的图案都可以。

2. 将咖啡滤纸对折，再对折。

3. 用长尾夹将雪糕棒夹在滤纸顶部。

4. 持雪糕棒将咖啡滤纸放入水罐，滤纸底部与罐底的水相接，等几分钟，看看有何反应。

5. 当水位线到达滤纸顶部时，将滤纸取出来，展开，放在厚纸巾上晾干。

---

1 层析法：一种将化学混合物的不同成分相分离的方法。

观察

滤纸在水罐中时有何反应?

试试看

比较不同的马克笔层析出的颜色，哪支颜色最多?

原理

马克笔的墨水是由多种颜料混合而成的，深色尤其明显，比如黑色、紫色。颜料的化学成分各不相同，有些颜料成分重，有些颜料成分轻，所以它们跟着水往纸上"爬"时就有快慢之别。重的颜料爬得慢，所以最先分层;轻的颜料爬得快、爬得高，于是就会形成一种扎染（或褪色）的效果。

磁铁画

实验难度　　低
实验时长　　20 分钟
其他类别　　科学、技术

 你能用磁铁来作画吗？利用磁铁来创作独一无二的作品吧！

步骤

1. 用剪刀将纸裁剪成适合塑料收纳盒的大小。

2. 将每个金属小件都蘸上颜料放在纸上。

3. 用磁铁隔着塑料收纳盒底部移动金属小件。

材料

- ➲ 塑料收纳盒
- ➲ 纸
- ➲ 剪刀
- ➲ 颜料
- ➲ 家里的金属小件，比如垫圈、弹簧、安全别针、螺丝、滚珠等
- ➲ 磁铁

观察

各小件画出的图案有何不同？

试试看

将其他磁铁蘸上颜料放在纸上，用磁铁隔着塑料收纳盒底部移动纸上的磁铁，看看会画出什么有趣的图案，观察磁铁间的吸引力和排斥力。

原理

即便隔着纸和塑料盒，磁铁依然能够吸引金属物。先将金属物件蘸上颜料，观察它们与磁铁的互动就更为方便。

彩虹的颜色

实验难度　低
实验时长　20 分钟
其他类别　科学

 你能在家制作彩虹吗？来了解大自然中彩虹形成的秘密，并为自己做一道彩虹吧！

材料

◉ 玻璃三棱镜或泪滴形棱镜
◉ 白纸
◉ 彩色铅笔

步骤

1. 天晴时，将棱镜放在窗户旁有充分光照的地方。

2. 测试不同的角度，看从棱镜射出的彩色光线形成的彩虹。

3. 调好角度，让彩虹落在白纸上，用彩色铅笔给彩虹涂色。

观察

棱镜的角度是如何影响彩虹的大小和形状的？

试试看

将手电筒、棱镜和一张黑纸带到暗室。将棱镜放在纸上，调整手电筒的角度，让光线穿过棱镜。效果与阳光下有何相同？有何不同？

原理

大自然的棱镜就是雨滴，雨滴与三棱镜一样，能将太阳的白光散射成肉眼可见的彩色光：红、橙、黄、绿、蓝、靛和紫，每种光折射的角度都不同，所以形成彩虹。

油水相斥画

实验难度　　低
实验时长　　30 分钟
其他类别　　科学

 你能用水和油来创作纹理艺术吗？试试看将油水混合，挥洒出绚丽的作品吧！

材料

- 烤盘
- 白色卡纸
- 画笔
- 食用油
- 液体水彩

步骤

1. 将卡片纸放在烤盘里，防止把周围弄脏。

2. 用画笔蘸食用油在纸上画画，尽量将油涂厚，这样实验效果会比较好。

3. 用水彩给图案上色，完成作品。

观察

将水彩涂在食用油上时，有什么反应？水彩干了之后，有什么现象？

试试看

如果等食用油干掉之后再上色，会有什么不同？为什么？

原理

油是非极性分子、而水是极性分子，所以两者不能互溶。在这个实验里，油与水彩相斥，因此水彩不能渗透到纸上，于是就形成了有趣的绘画效果。

冰的艺术

实验难度　　低
实验时长　　20 分钟
其他类别　　科学

 盐撒在冰上会有什么反应呢？在这个实验里寻找答案吧，还能顺便创作色彩斑斓的纹理画呢！

材料

- 装满冰块的碗
- 盐
- 液体水彩
- 画笔

步骤

1. 将盐撒在碗里的冰块上。

2. 静等几分钟，观察盐是如何在冰块上融出痕迹的。

3. 用水彩给冰块涂色。

4. 再撒些盐在冰块的各面，完成这幅色彩斑斓的纹理画。

观察

你能看到冰块里面的小隧道吗？

试试看

用大塑料储物盒来制冰，做一幅更大的冰块画吧。

原理

通常冰的熔点[1]是 0 摄氏度，但盐能将它的熔点降低好几度，这就是为什么盐会在冰块上形成痕迹和隧道。水彩将这些痕迹和隧道变成彩色，一幅美妙的作品就形成了。

---

1 熔点：固体物质开始变成液体的温度。

涂鸦机器人

实验难度　　中
实验时长　　30 分钟
其他类别　　技术、工程

 你能设计制作会涂色的机器人吗？发动你的想象，用电动牙刷和马克笔来做一台涂鸦机器人吧！

材料

- 电动牙刷（9.9 元包邮的那种即可）
- 3 支可水洗马克笔
- 透明胶带
- 一张大纸

步骤

1. 用透明胶将 3 支马克笔固定在牙刷的电动端，注意要让你的机器人能"三足鼎立"，3 支笔的笔尖在下。

2. 取下笔帽，将机器人放在纸上，打开电动开关。

3. 观察你的机器人在纸上移动和跳跃，形成奇特的图案。

观察

为什么涂鸦机器人会那样涂鸦呢？你能改变它的图案吗？

试试看

你可以通过增加笔的数量或调整笔的高度来改变图案，试一试吧，看看还能画出什么有趣的图案。

> ## 原理
>
> 电动牙刷启动后，电机就开始转动，将电能转化成振动，用手一摸就可以感受到。绑定的马克笔让我们很容易就看到振动所形成的图案。

对称画

实验难度	低
实验时长	30 分钟
其他类别	数学

对称在大自然中随处可见，比如树叶、花朵、蝴蝶和雪花都体现了对称。你能画一幅对称画吗？作画之外，还可以锻炼你的几何技能呢！

注意 画画可能会把周围弄乱，你可以穿上罩衣、垫上报纸来保护衣服和桌子。

材料

- ➲ 一大张卡纸
- ➲ 画
- ➲ 笔
- ➲ 颜料
- ➲ 镜子

步骤

1. 将卡纸对折，然后展开。

2. 选择其中一边准备画画。

3. 用画笔在选好的那边画画，尽量将颜料涂厚，那样实验效果比较好。

4. 沿着折痕将纸对折并使劲下压，将画印在另一边。

5. 展开卡纸，欣赏一下你的对称画。把镜子放在折痕处，看看你的画是否足够对称：镜子里头和镜子后面的画是一模一样的吗？

观察

有没有新色产生？

试试看

再画一些对称图。在 1/4 张纸上画画，将纸横向对折下压，展开，再纵向对折下压，展开，看看形成什么图案？

原理

纸张对折时，画就印在了另一边，画印与原画一模一样，这种情形就是对称，就好比照镜子，镜中影像与镜外实体也是对称的。

旋转艺术

实验难度　　低
实验时长　　25 分钟
其他类别　　科学

 你能利用旋转和离心力来作画吗？来创造独特的图画和新鲜的颜色吧，会用到颜料和一件你意想不到的厨房用具哟！

材料

⊙ 蔬菜甩水器
⊙ 咖啡滤纸
⊙ 颜料
⊙ 厚纸巾

步骤

1. 将 2 ~ 3 张咖啡滤纸放进蔬菜甩水器。

2. 将颜料滴到滤纸上。用多种色彩滴出任意图案。

3. 盖上甩水器，好好甩一甩。

4. 小心点取出滤纸，将滤纸放在厚纸巾上吸干水分，大作完成。

观察

滤纸上的图案在甩动前后有何不同？

试试看

仅用三原色来操作，看看会如何混色？会混出什么新色？

原理

蔬菜甩水器实际就是个能快速转动的篮子。篮子转动时，离心力[1]使得滤纸上的颜料往离心方向跑，这就会造成混色，奇妙的图案也因此产生了。

---

1 离心力：使旋转物体远离旋转中心的力。

水杯木琴

实验难度　低
实验时长　20 分钟
其他类别　科学、数学

 你能用杯子和水制作乐器吗？利用科学和数学的力量来创作你自己的声波，并学学如何弹奏出美妙的音乐吧。

材料

- ➔ 8 个相同的玻璃杯（或玻璃罐）
- ➔ 量杯
- ➔ 水
- ➔ 食用色素
- ➔ 几把塑料勺、木勺或者木铅笔

步骤

1. 将玻璃杯排成直线。

2. 用量杯向玻璃杯里倒水：第一只加水、第二只、第三只，以此类推。每只杯子要比前一只少一量杯的水量，第八只水杯里没有水。

3. 每只水杯里加入不同的色素。

4. 用塑料勺敲水杯。

观察

每只杯子的发声有何不同？哪些声音高，哪些声音低？

试试看

用不同的工具敲水杯，比如用金属勺、木勺、玻璃棒，看看有何不同。再试试看能不能敲出熟悉的旋律，比如《祝你生日快乐》或者《两只老虎》。

原理

敲击水杯，就会产生声波。声波的频率[1]决定了音高。而装水最多的杯子发出的声波频率最低，所以声音最低。

---

1 频率：物体单位时间内振动的次数。

第五章

数 学

准备好尺子、天平等测量工具，像一个数学家一样来测量、计算、记录和作图吧！

在这一章，你将制作能报时的日晷、小苏打喷泉，探索你的最大肺活量，以及更多更多！

数学对其他领域也是至关重要的。你得通过测量长度、距离、角度、产量、音量、质量、温度以及时间来评估实验设计和创造发明。为了比较出最佳实验和过程，你得学会数据比较。

本章中很多实验需要画图表。你可以自己画，也可以照着本书后附的模板画。优秀的数学家擅长做好充分的记录，并将记录的数据做成一目了然的图表。

要记住：测量时误差是难免的。有时候要精准地量出距离、时间或音量是非常不容易的。你要做的是尽量精准，比如重复测量后取平均值。

数学家会用到一些特别的工具。这里你将用到的工具包括直尺、卷尺、量角器、量杯、温度计、厨房秤、秒表。有了这些工具以及铅笔和图表，一切就准备就绪啦！

本章中有几个实验需要用到干冰，你可以在杂货店买到，或者在网上搜索一下附近哪儿有卖的。买到一整块的干冰后，可以用锤子砸碎，方便实验取用。

最重要的是，尽情体验实验、测量和探索的乐趣吧！

你能跑多快?

实验难度   低
实验时长   20 分钟

 你一小时能跑几千米?估测一下,然后带上卷尺和秒表来实际测量吧,看看比你预估的快还是慢?

材料

- ➲ 卷尺
- ➲ 秒表

步骤

1. 选一处足够空旷的地方,比如公园、马路,也可以是室内篮球场或长廊。

2. 用卷尺量出你想要跑的距离,以米计,可能需要有人帮忙拿卷尺。距离你自己定,不过 50~100 米会比较合适。如果你能找到一块有米数标记的足球场或步行道就再好不过了。

3. 请人用秒表计时,看看你跑完这段距离需要多少秒,记下时间。

4. 用距离除以秒数,得出你的速率。

5. 将这个速率乘以 3600 再除以 1000,得出一小时跑几千米。比如:如果你 20 秒钟跑 50 米,那么秒速就是 2.5 米,2.5 乘以 3600 除以 1000,得出时速 9 千米。

观察

重复测量几次,每次速率都一样吗?为什么呢?你能在长跑中保持这个速率吗?

试试看

负重跑,比如扛一大罐水跑,速率有何不同?

原理

速率就是单位时间内跑过的距离,或者说,就是对"能多快移动"的测量。

越玩越聪明的科学实验

硬币上的圆顶

实验难度　　低
实验时长　　15 分钟
其他类别　　科学

 你敢挑战重力吗？利用科学来变个魔术，用水在硬币上滴个圆顶吧。了解现象背后的原理，看能在硬币上滴多少水，结果可能会超出想象呢。

材料

- ➲ 1 元硬币
- ➲ 1 杯水
- ➲ 滴管

步骤

1. 将硬币放置在平面上。

2. 用滴管轻轻地向硬币上滴水，一次一滴。

3. 边滴边数，看看"水圆顶"在散掉之前，能聚多少滴水。

4. 重复此实验，并记录每次能聚集的水滴数量。将水滴总数除以实验次数，得出平均数。

观察

不同实验中水滴数相同还是不同？为什么？

试试看

准备几枚硬币，分别标记为硬币 A、硬币 B、硬币 C……列表记录各硬币能聚集的水滴数量。重复实验，计算各硬币的平均水滴。

原理

水分子之间的聚力很强。在平面上，水分子之间的聚力要大于它们与空气分子的聚力，这就是为什么它们会在容器的边缘凸起一个小圆顶。圆顶能自己立住，直到重力超过水分子之间的聚力，圆顶才会散掉。

快速冷却汽水

实验难度	低
实验时长	40 分钟
其他类别	科学

 很多人都喜欢喝冰镇的汽水，但是有时候冰箱空间不够放，只有常温的。怎样才能用最快的速度冷却汽水呢？动手做实验吧，看看水和空气的导热性如何，实验结束，还能奖励自己一罐冰爽饮料呢。

材料

- 本书后附的表格
- 铅笔
- 4 罐常温的汽水
- 温度计
- 保鲜膜
- 橡皮筋
- 碗
- 冷水
- 冰
- 本书后附的图表
- 马克笔

步骤

1. 用铅笔填好表头，分别为时间、冰柜、冷冻室、冷藏室、冰水、参照。每 5 分钟记录一次各罐汽水的温度。

2. 打开 4 罐汽水，用温度计测量温度，在表上做好温度记录，时间记为 0。

3. 用保鲜膜和橡皮筋将易拉罐密封。

4. 碗里装水，再加入几杯冰。

5. 将 3 罐汽水分别放入冷冻室、冷藏室、冰水中，最后一罐原地不动，作为参照。

6. 每隔 5 分钟测量一次各罐温度，持续测量 30 分钟。

7. 画出数据图，横坐标为时间，纵坐标为温度，用不同的颜色表示不同的易拉罐。

观察

哪种方法冷却最快？30 分钟后，哪种方法冷却最彻底？

试试看

你能想到其他的冷却办法吗？比如裹湿毛巾或是用电风扇吹？或者往冰水里头加点盐？多试几种办法，看有没有更快的冷却方式。

原理

冷冻室和冷藏室都是通过冷气循环的方式来降温的，冷气将热量带走。不过，水比空气的导热性更好，所以冰水中冷却最快。

多快可以冷却？

实验难度　　低
实验时长　　40 分钟
其他类别　　科学

 干冰与冰块哪样能让水冷却更快呢？哪样又能让水冷却更彻底？带上温度计来寻找答案吧。

材料

- ➡ 2 个杯子或罐子
- ➡ 凉水
- ➡ 2 个温度计
- ➡ 本书后附的表格
- ➡ 铅笔
- ➡ 厨房秤
- ➡ 60 克冰块
- ➡ 60 克干冰
- ➡ 本书后附的图表
- ➡ 马克笔

步骤

1. 往两只杯子里倒入 3/4 杯凉水，然后各插入一支温度计，静置几分钟。

2. 等待时，用铅笔填好表头，分别为时间、干冰水温、冰块水温。然后用厨房秤称量干冰和冰块各 60 克。

3. 将干冰和冰块分别加入两个杯子，在表格上记录时间和水温。

4. 温度计一直放在水里，注意要时不时搅动杯子里的水以保持整杯水温度一致。

5. 每分钟记录一次水温，持续记录 10 ~ 15分钟。

6. 画出数据图，横坐标为时间、纵坐标为温度。用不同的颜色标记两杯水，看看两条曲线有何不同。

观察

哪杯水冷却得快？干冰消失，冰块融化后，哪杯水冷却得更彻底？

试试看

用更大的杯子和 120 克冰块与干冰来做实验，记录每分钟的水温，持续 30 分钟，看看结果有何不同。

原理

水的冰点[1]是 0 摄氏度，而干冰的表面温度为 –78.5 摄氏度。因为干冰比冰块温度低很多，所以它能将水温降至更低。

---

1 冰点：水凝固成冰的温度。

越玩越聪明的科学实验

肺活量

实验难度　　　低
实验时长　　　20 分钟
其他类别　　　科学、工程

 你知道你的肺能容纳多少空气吗？自制一台肺活量计来测测吧，结果也许会非常出乎你的意料。

材料

- 2 升容量的塑料瓶或带盖的牛奶罐
- 水
- 装了半碗水的大碗（或盆）
- 可弯曲的吸管
- 油性马克笔
- 量杯

步骤

1. 将水瓶装满水，盖好盖子。

2. 将水瓶倒置在碗里，瓶口没在水中，小心地拧开瓶盖，注意不要把瓶子里的水挤出来。

3. 将吸管的一头插到水瓶里，一头留在水面上。

4. 深吸一口气，轻轻往吸管里吹气，直到你把肺里面的空气挤干净。空气吹进瓶子里，能将水挤到碗里面。

5. 所有你呼出的空气都被锁在瓶子上方，将水瓶持平，用马克笔标记空气的位置线。

6. 要想知道你往瓶子里呼出了多少空气，就将瓶子取出，往瓶中注水，至标记线处，再将水倒入量杯，看看水量多少。

观察

你的肺活量是多少？有没有让你大吃一惊呢？

试试看

普通6岁孩子的肺活量大约是1升，成年人的是4～6升。你能设计一个适合成年人的实验来测测他们的肺活量吗？

原理

空气的密度小于水且几乎不溶于水，所以当你往瓶中吹气球时，气体往上跑，水被挤出去。跑进去的空气和挤出来的水体积相等，所以只要测量溢出的水的体积，就能得出肺活量。

制作纸链条

实验难度　　低
实验时长　　30 分钟
其他类别　　工程

 只用一张纸能制作多长的纸链条？你能做一条比你身高还长的链条吗？在这个简单的挑战中感受几何与测量的乐趣吧！

材料

- ➲ 一张纸
- ➲ 剪刀
- ➲ 胶带
- ➲ 尺子

步骤

1. 用剪刀把这张纸剪成条状，长度和宽度你自己来定。

2. 用胶带将纸条两头粘上，形成圆环。

3. 将另一张纸条穿过圆环，再将两头粘上，形成一环扣一环。其余的纸条也以此类推。

4. 纸条都用完后，将纸链条平放在地上，用尺子测量长度。

5. 吸取经验，再做一条更长的纸链条。

观察

你做的纸链条有多长？有没有超出预期？多大尺寸的纸条能做出最长的纸链条呢？

试试看

不将纸条做圆环，而是将所有纸条首尾相连做一条纸路，看看一张纸能做多长的路。

原理

虽然所用纸张完全相同，但如果剪成不同大小的纸条，最后做成的纸链条就大不相同了。

越玩越聪明的科学实验

雪糕棒弹弓

实验难度　　中
实验时长　　40 分钟
其他类别　　科学、工程

 你能用简单的手工材料制作弹弓，在屋子里"发射子弹"吗？测量每个"子弹"的射程，调整弹弓，看如何能射得最远。

 注意　请大人帮忙使用胶枪。

材料

- 7 根超大号雪糕棒
- 5 根橡皮筋
- 塑料瓶盖
- 胶枪和热熔胶棒
- 可以用来发射的"子弹"
  （比如棉花糖、小绒球、棉球、铅笔上的橡皮头）
- 卷尺
- 本书后附的表格

步骤

1. 将 5 根雪糕棒摞在一起，两头用橡皮筋绑好，形成弹弓支架。

2. 用橡皮筋将剩余 2 根雪糕棒的一头绑在一起，形成弹弓的发射板。

3. 将支架插入发射板的开口端，置于发射板中段。

4. 取一根橡皮筋在发射板的闭口端绕几圈，留出足够松度在支架的一头再绕一两圈。再取一根橡皮筋，在支架的另一头，重复操作，这样支架和发射板就固定好了。

5. 用胶枪将塑料瓶盖固定在发射器的开口端。

6. 将"子弹"放在瓶盖里，一手持弹弓，另一手压发射板，松开发射板，让"子弹"飞。

7. 用卷尺测量"子弹"的射程。

8. 用不同材料做"子弹"，测量不同"子弹"的射程。

观察

哪种"子弹"飞得最远？

试试看

你能调整弹弓，比如支架的高度或发射板的长度，看看能不能让"子弹"飞得更远，或更高？用表格记录结果。

原理

弹弓是靠拉伸的发射板里的弹力来发射的。松开发射板，势能[1]转化成动能，"子弹"就飞出去了。

---

1 势能: 储存于物体中的能量，受相对位置、内应力、电荷等因素的影响。

消失的冰块

实验难度	中
实验时长	90 分钟
其他类别	科学

 为什么干冰是"干"的呢？通过测量干冰与普通冰块随时间产生的质量变化来观察两者的区别吧。观察物质形态的变化，了解干冰的特性，体验实验的乐趣吧。

 注意 接触干冰时一定要戴上手套或裹上毛巾。干冰直接接触皮肤会造成灼伤。请大人来帮忙。

材料

- 本书后附的表格
- 铅笔
- 2 个小碗
- 厨房秤
- 600 克干冰
- 600 克冰块
- 本书后附的图表

步骤

1. 用铅笔填好表头：时间、干冰、冰块。

2. 用厨房秤称量空碗的质量，记录下来。

3. 1 个碗里放干冰，1 个放冰块。

4. 再次称量 2 个碗的质量，记录下来。

5. 每隔 15 分钟给碗称重，记录下来。

6. 将两种物质的质量变化用图形表示，横坐标为时间，纵坐标为质量。

观察

几个小时后再看，干冰和冰块各有什么不同？两者的质量各有什么变化？

试试看

用两个罐子装水，一个罐子里放干冰，一个放冰块，观察罐子的质量随时间如何变化，将数据用图形表示。

1 升华：物质由固态转变成气态的现象。

爆米花数学

实验难度　低
实验时长　10 分钟
其他类别　科学

 爆成米花之后，玉米的质量会发生变化吗？对比玉米爆花前后的质量，了解质量守恒定律吧。实验完毕，还能吃到美味的点心呢！

材料

- 一袋微波炉爆米花
- 厨房秤

步骤

1. 用厨房秤称量一袋爆花之前的玉米，记录下数据。

2. 将这袋玉米放进微波炉，按照包装上的说明做爆米花。

3. 等一两分钟，待玉米冷却些再拿出来，再次称重，记录数据。

观察

玉米的质量有没有变化？为什么呢？

试试看

打开包装，放出蒸汽，再次称重，质量有无改变？为什么呢？

原理

在化学反应中，物质的质量总和保持不变，这就是质量守恒定律。这就是说，只要系统是封闭的，不管物质如何发生化学变化，物质的质量总和是恒定的。在这个实验中，爆米花是在封闭的系统中吗？

干冰的体积

实验难度　　中
实验时长　　40 分钟
其他类别　　科学

 干冰的体积随时间如何变化呢？取两个杯子，对比干冰和冰块在"消失"的过程中体积的变化吧。

 注意　接触干冰时一定要戴上手套或裹上毛巾。干冰直接接触皮肤会造成灼伤。请大人来帮忙。

材料

- 两个透明的罐子（或杯子）
- 温水
- 食用色素
- 胶带
- 半杯干冰
- 半杯冰块
- 量杯

步骤

1. 罐子里各倒入一杯水，水里各加几滴食用色素，注意两罐水用不同颜色。

2. 将胶带贴在水位线处。

3. 将冰块加入一只罐子，用胶带标记新水位线。

4. 将干冰加入另一只罐子，用胶带标记新水位线。

5. 观察罐子，直到冰块完全融化、干冰完全升华。

6. 再用胶带标记水位线。

7. 用量杯测量剩余的水量，两个罐子有何不同？

观察

实验过程中两个罐子有何不同？最终的水位线
又有何不同？

试试看

用冷水做实验，看看反应有何不同。

原理

冰块融化在水里，所以水位线与开始时
相同或比开始有所上升（取决于最初冰与
水量的关系）。而干冰会升华且带走一些
水分（就是你看到的蒸汽），所以水位线
反倒比刚开始下降了点。

温室效应

实验难度　　低
实验时长　　30 分钟
其他类别　　科学

 为什么在太阳下车内温度要比车外温度高很多呢？在这个简单的实验里，我们来了解温室效应，你还能亲自测量它呢！

材料

- 2 支温度计
- 带盖的玻璃罐
- 本书后附的表格
- 铅笔
- 手表
- 本书后附的图表
- 马克笔

步骤

1. 晴朗的天气，在室外选一处太阳光照得到的地方。

2. 将两支温度计和玻璃罐放在阳光下，静置 3 分钟，让它们晒暖和。

3. 等待时，用铅笔填好表头：时间、参照温度、温室温度。

4. 用手表计时，同时记录两支温度计的温度显示。

5. 将一支温度计放在罐子里，盖上盖子，这是温室温度计。罐子外面的温度计则是参照。确保罐子和温度计都在阳光直射下。

6. 每分钟记录一次两支温度计显示的温度，持续记录 10 分钟。

7. 将两边温度随时间的变化用图形表示，横坐标为时间，纵坐标为温度，用不同颜色的马克笔标示不同的温度计。

观察

罐子里面的温度和罐子外面的有何不同？从哪个时间点开始罐子里的温度保持恒定？

试试看

再拿一个玻璃罐，两个罐各倒 1/4 罐水，放入温度计，一个罐子盖上盖子，一个打开盖子，都放在阳光直射处，看看温度的变化。

原理

盖盖罐子里的温度上升是因为阳光照进去加热了空气，而空气困在罐子里，就会变得越来越热。这和车子里空气变热是一个道理。地球也是这样，这就叫温室效应。大气层将空气困在下面，所以空气就变得越来越热。

天平

实验难度 低
实验时长 20 分钟
其他类别 工程

 你能制作自己的天平来称重吗？用 1 元硬币作为度量单位，看看一个东西几个硬币重。

材料

- 2 个塑料杯
- 打孔器
- 绳子
- 剪刀
- 塑料或木质晾衣架
- 胶带
- 在家里找些用来称重的东西，比如钢镚、麦片、小玩具、蜡笔
- 几枚 1 元硬币

步骤

1. 在两个杯子距离杯沿约 2 厘米处各打两个孔，两孔相对。

2. 用剪刀剪两段各约 60 厘米长的绳子。

3. 将一根绳子穿过杯子的两孔，再挂在衣架上，打好结。

4. 另一根绳子和杯子重复操作。

5. 调整杯子的位置，使它们各处衣架的两端。

6. 将衣架挂在门把手上或晾衣服的横杆上。

7. 微调杯子的位置，直到衣架横杆与地面平行。用胶带将绳子固定在衣架上，这样绳子不会滑动。

8. 放些家常小物件在杯子里，看看有何反应。猜猜哪头重，再放进去看猜得对不对。

9. 将称量的物件放在一头小杯子里，另一头放硬币，一次一枚，直到两端平衡。看看每样物件各重几枚硬币。

观察

每样物件各重几枚硬币？

试试看

缩短一只杯子的挂绳，或者将它往衣架中间挪一点，看看有何不同？

原理

天平会往重的一端倾斜，而当两端重量相等时，秤杆就会与地面相平行。

铅笔日晷

实验难度　　低
实验时长　　8 小时
其他类别　　科学、技术

你能制作一个凭借影子判断时间的钟吗？约 4500 年前的古埃及人就能这么做了，中国古代也有日晷！找几样简单的材料来制作你自己的日晷吧。

材料

- ➔ 新的、未削的铅笔
- ➔ 胶带
- ➔ 纸盘子
- ➔ 马克笔
- ➔ 书（或一满瓶水）

步骤

1. 选择晴朗的一天，如果有云挡住太阳，就要改天制作日晷了。

2. 用胶带将铅笔未削的平坦的一端固定在纸盘的正中间。

3. 选择阳光照耀的一处，将纸盘平放，用马克笔描出铅笔的影子，在影子旁记下时间。

4. 要保证整个实验过程中纸盘和铅笔不移动位置，用重物（比如一本书或者一满瓶水）压住纸盘的一边，使之固定。

5. 每隔 1 小时，描出铅笔的影子并记录时间。

6. 至少连续记录 8 小时。记录的影子越多，日晷越好用。

观察

铅笔的影子会改变大小吗？为什么？

试试看

在地上标记自己的影子，制作人影日晷。每小时标记一次，注意还要标记脚的位置，每次在固定的位置做记录。

原理

地球绕地轴由西往东自转，所以太阳在天空的位置是变化着的，地面上的影子也随之移动。

滑行距离

 将玩具车放下坡道，多少度坡能让赛车在触地后滑行最远？拿出量角器和卷尺来测量吧。

材料

- 硬纸筒（比如包装纸的空纸筒）
- 凳子（或椅子）
- 玩具车
- 胶带
- 卷尺
- 本书后附表格
- 铅笔
- 量角器
- 本书后附的图表

步骤

1. 将硬纸筒放在光滑的地板上，一头斜靠凳子。

2. 用胶带将硬纸筒和凳子固定好。

3. 将卷尺拉开铺平在地面上，刻度 0 对齐硬纸筒口。用胶带将卷尺固定住。

4. 用铅笔填好表头为坡度和滑行距离。

5. 用量角器测量硬纸筒和地面的角度，在表格上做记录。

6. 让小车滑下硬纸筒，记录触地后的滑行距离。为了更加精确，可以同一坡度测量多次，取平均距离。

7. 移动凳子来调整斜坡与地板的角度（坡度）。记录坡度以及此坡度下小车的滑行距离。

8. 将结果用图形表示，横坐标为角度，纵坐标为距离。

越玩越聪明的科学实验

观察

你的图形看上去如何？哪个坡度下小车滑行得最远？对此你感到意外吗？

试试看

用不同的小车来试试，看看同一坡度下哪辆车滑行最远。结果会不会让你大吃一惊呢？

原理

一般而言，坡度越大，车下坡的速度就越快。不过，如果坡度过大，车出纸筒触地时会有撞击阻力，所以反倒变得没那么快了。

汽水间歇喷泉

实验难度　　中
实验时长　　20 分钟
其他类别　　科学

当薄荷糖遇到无糖汽水时，会如何？为什么呢？穿上你的运动鞋，准备观赏一场惊艳的汽水间歇喷泉吧！最后，通过测量瓶中剩余的汽水来评估喷泉的大小吧，剩余的越少，喷泉越大。

注意　本实验会产生巨大的喷泉，所以一定要在室外操作。

材料

- 2 升瓶装无糖汽水
- 薄荷糖
- 量杯

步骤

1. 先来到室外，将汽水瓶放在平面上。

2. 打开瓶盖，迅速丢进去一两颗薄荷糖，然后赶紧跑开！

3. 等喷泉结束后，用量杯测量剩余的汽水。

观察

喷涌后的汽水看上去如何？最后瓶子里还剩多少汽水？

试试看

用不同的汽水、不同种类以及数量的糖果试试看，怎样能造出最大的喷泉？测量剩余的汽水，看看哪次的喷泉最大。你觉得还有什么糖能造汽水喷泉呢？

原理

与"跳舞的葡萄干"实验（第 7 页）相似，汽水会呈现喷涌的泡沫状，是由于薄荷糖凹凸不平的表面有成核点，就是糖果表面附着着二氧化碳气泡的小洞。

汽水瓶开盖后，部分二氧化碳会跑出来。但是，仍有数百万计的二氧化碳气泡被困在水里，因为它们太小了，根本无力逃逸。曼妥思糖一加入，无数小气泡吸附于糖果表面，汇集成足以上蹿逃逸的大气泡。无数大气泡蜂拥逃逸，就把汽水也带出来了，形成惊人的泡泡喷泉。

无糖汽水里的两种添加剂也很重要，那就是阿斯巴甜和苯甲酸钾，它们有助于泡泡的形成，让喷泉更快更有力。

第六章

汇总

你做到了！ 你探索了科学、技术、工程、艺术、数学这些领域，完成了其中的各项实验。你有什么新的发现？

将本书当作一块跳板，由此开启在科学之海的航行吧。多提问，多思考为什么、是什么、怎么样等等。慢慢爱上探索和发现的过程吧。

现在你已经了解了，科学、技术、数学、艺术等各个领域是有着内在关联的。通过这些实验，你能够认识到没有哪个领域可以完全独立存在，它们是彼此相辅相成的。

无数的教育和工作领域都需要有创新能力的人去发现、创造、制作和发展新的事物。善用在本书中学到的技能，你将会成为那样的人物。

也许你会成为一名科学家，在实验室里发现治疗癌症的办法，或是发现火星上也有生命体。也许你会成为一名野外生物学家，研究稀有的丛林动物；或是火山学家，环游世界去研究火山。

又或者你是程序设计员或硬件研发员，设计出一款能帮助别人的新应用，或一项超有意思的游戏。也许你与团队合作发明新的电子设备，或是改进旧的。也许你为战斗机制作新型的电板，或是生产出新的医疗设备拯救千千万万个生命。

也许你会成为工程师，制作流线型火箭飞船或是悬浮轿车。可能发现一种新的、经济有效的生产营养食物的办法，彻底攻克全球饥饿的难题；也可能造出无比结实的楼房和桥梁，不惧自然的威力。

无论何种创造发明，你都需要思考：怎样设计，才能让它们既便于操作、又赏心悦目？你将要运用你的创造力、想象力，让它们能够实现你赋予它们的使命。

也许你未来从事的是人文、政治、音乐等与科学不那么相关的领域。你想成为教师、作家、摇滚明星或律师。无论你的志趣是什么，懂得去提问、去探索发现，都是成功的第一步。

继续探索，继续实验吧！利用这本书里的设计去想出更多你自己的设计。学习永无止境！

表格

表格

表格

图表

图表

图表